ISBN 978-3-662-31302-2   ISBN 978-3-662-31507-1 (eBook)
DOI 10.1007/978-3-662-31507-1

Sonderabdruck
aus der Biochemischen Zeitschrift Band 233, Seite 1—57, 1931

Inhalt.

I. Cellulose, Lignin und die Hautsubstanz der pflanzlichen Zellmembran. 1. Kurze Darstellung des Gewebe- und Zellaufbaues auf Grund bisheriger Kenntnisse. 2. Neue Untersuchungen zur Mikrochemie und Morphologie der verholzten Zellwand. 3. Über die Phloroglucin- und die Chlorzink-Jodreaktion nach Behandlung der Membran mit verschiedenen Mitteln. 4. Verholzung und Entholzung. 5. Über das Herauslösen von Cellulose aus nativem Gewebe. 6. Diskussion einiger Ansichten über die verholzte Zellwand. 7. Der Aufbau der verholzten Zellmembran. 8. Versuche. — II. Über die Bildung polymerer Kohlenhydrate im Pflanzenorganismus und die hierbei auftretenden Zwischenprodukte. 1. Vorbemerkung. 2. Nachweis und Isolierung von Zwischenprodukten der Cellulose- und Xylanbildung. 3. Zur Biochemie der Zwischenprodukte. 4. Bemerkungen zur Konstitution polymerer Kohlenhydrate. 5. Die Bestimmung der Cellulose. 6. Die Bildung der Zellwand und ihrer stofflichen Komponenten. 7. Versuche.

I. Cellulose, Lignin und die Hautsubstanz der pflanzlichen Zellmembran.

Die Art des Vorliegens von Cellulose und Lignin in der Membran ist nach zwei Richtungen hin zu klären: Erstens ist die Frage zu beantworten, ob die Cellulose im freien Zustande vorhanden oder an andere Substanzen insbesondere an Lignin chemisch gebunden ist. Zweitens ist die örtliche Lagerung (Topographie) und die Formung der einzelnen Komponenten festzustellen. Wird getrennte Lagerung für die Komponenten konstatiert, so ist hiermit auch zugleich die erste Frage beantwortet.

Punkt 1 darf heute zugunsten des freien Zustandes als entschieden gelten. Seitdem Verfasser mit Hilfe einer kombinierten Methodik von

Farbreaktionen, mechanischer Behandlung und morphologischer Betrachtung nachwies, daß die Cellulose nicht gebunden sein kann[1], haben sich eine große Anzahl von Forschern, zum Teil unter Beibringung neuen Beweismaterials, dieser Ansicht angeschlossen[2]. Wenn auch heute noch einige Autoren auf Grund von Löslichkeitserscheinungen oder anderen Ursachen an chemischer Bindung von Cellulose besonders an Lignin festhalten[3], so darf obiger Befund doch als gesichert betrachtet werden. Weiter unten wird erneut gezeigt, daß der unvollkommene Lösungsvorgang nicht chemische, sondern morphologische Gründe hat.

Umstritten ist indes noch die Lagerung des aus Lignin gebildeten Bauelements und die Abgrenzung dieses Stoffes gegen andere. Von *Payen* stammt die Ansicht, daß die Zellwandkomponenten in einem Gemisch, sich inkrustierend, vorlägen. Diese Erklärung ist mit gewissen Abänderungen auch von anderen Autoren gegeben worden. So sollen nach *König* und *Rump*[4] ,,die einzelnen Bestandteile der Zellmembran ... physikalisch gemengt, einander innig durchdringend und durchwachsend nebeneinander vorkommen". Diese Hypothese würde eine morphologische Differenzierung, eine organisierte Lagerung der einzelnen Stoffe leugnen. *K. Freudenberg, H. Zocher* und *W. Dürr*[5] gaben ihrer Meinung kürzlich dahin Ausdruck, daß in der gesamten Membran der Fichtenholzzellen nur *ein* Lignin vorkomme, das zum größten Teil in der Mittellamelle abgelagert sei, aber auch die übrige Membran in stabartigen Formelementen durchziehe.

Demgegenüber sprach sich Verfasser vor einigen Jahren dahin aus, daß der durch die Aufschlußverfahren gelöste, als Lignin bezeichnete Anteil der Zellwand auf die Mittellamelle beschränkt und von der Cellulose durch die Primärlamelle getrennt sei[6]. Er stützte sich hierbei auf den Nachweis einer organisiert gelagerten Fremdsubstanz innerhalb der sekundären Lamelle, die in Form dünner Häute die genannte Lamelle durchzieht, sie in Kammern teilt und so die Kohlenhydrate einschließt. Diese Substanz unterschied sich in ihrem Verhalten gegenüber den Aufschlußmitteln vom Lignin.

---

[1] *M. Lüdtke*, B. **61**, 465, 1928; A. **466**, 40, 1928.
[2] *K. Hess, M. Lüdtke, H. Rein*, A. **466**, 58, 1928; *E. Wedekind, J. R. Katz*, B. **62**, 1177, 1929. *A. Friedrich*, H. **176**, 127, 1928; *A. Friedrich, A. Salzberger*, M. **53/54**, 993, 1929; *W. G. Campbell*, Biochem. Journ. **23**, 1225, 1929.
[3] *M. Phillips*, Journ. Amer. Chem. Soc. **50**, 1986, 1928; *H. Friese*, B. **62**, 2538, 1929; *W. Küster, R. Daur*, Cellulosechemie 11, 4, 1930.
[4] *J. König, E. Rump*, Chemie und Struktur der pflanzlichen Zellmembran, Berlin 1914; die ältere Literatur ist zusammengestellt bei *M. Lüdtke*, B. **61**, 465, 1928.
[5] *K. Freudenberg, H. Zocher, W. Dürr*, B. **62**, 1814, 1929.
[6] *M. Lüdtke*, B. **61**, 465, 1928; A. **466**, 27, 1928.

1. Kurze Darstellung des Gewebe- und Zellaufbaues auf Grund bisheriger Kenntnisse.

Da die morphologischen Verhältnisse im Gewebe wie in der Einzelzelle für die oben erwähnten Löslichkeitserscheinungen als auch für die vorliegenden biochemischen Fragen von grundlegender Bedeutung sind, scheint es angängig, zunächst diesen Aufbau unter Berücksichtigung neuerer Ergebnisse kurz darzulegen.

Wir können uns für unsere Zwecke auf drei Gewebetypen beschränken: den Holzkörper einer Gymnosperme (Fichte, Picea excelsa), einer dikotylen Angiosperme (Aspe, Populus tremula) und einer monokotylen Angiosperme (Weizenhalm, Triticum vulgare).

Das Gewebe des Fichtenholzes als Vertreter der ersten Klasse besteht aus Tracheiden, mit Luft gefüllten Faserzellen mit zahlreichen Hoftüpfeln. Diese Zellen werden durch die Mittellamelle miteinander verbunden. Radial verlaufen die Markstrahlen, aus parenchymatischen Zellen bestehend. Abb. 1.

Abb. 1.
Querschnitt von Fichtenholz (Picea excelsa).
a) Frühholz. b) Spätholz. c) Markstrahl.

Das Gewebe des Angiospermenholzes (Beispiel Aspe) ist weiter differenziert. Neben den Holz- oder Libriformzellen, die als Fasern das Gerüst des Gewebes bilden, finden sich Parenchymzellen, Gefäße, Markstrahlzellen und in der sekundären Rinde Bastzellen, Siebröhren und Geleitzellen. Abb. 2.

Der Monokotylenhalm (Weizen) ist außen von einer dünnen Haut, der Kutikula, überzogen. Unter dieser liegt die eine Zellage starke Epidermis, darunter findet sich das Hypoderm aus sklerotisierten Zellen, das sind

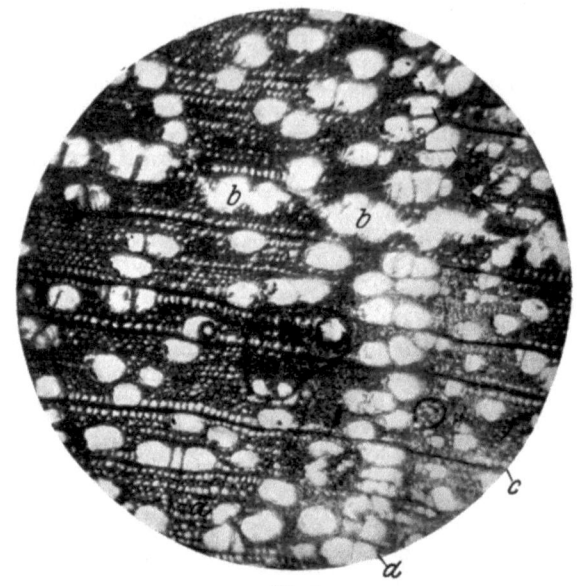

Abb. 2.
Querschnitt von Aspenholz (Populus tremula).
a) Libriform- und Parenchymzellen. b) Gefäße. c) Markstrahl. d) Jahresringgrenze.

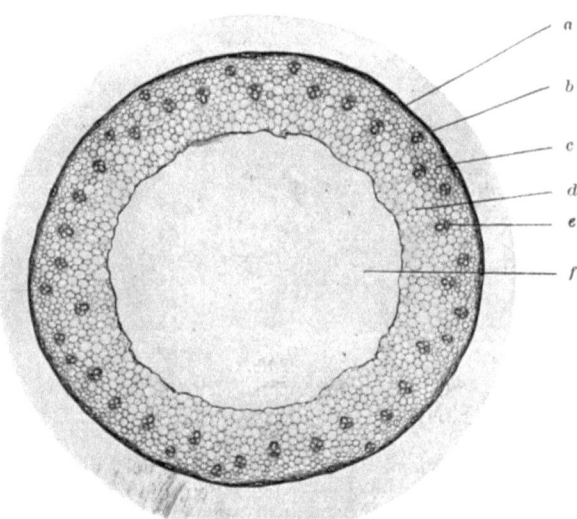

Abb. 3.
Querschnitt eines Weizenhalmes (Triticum vulgare).
a) Kutikula. b) Epidermis. c) Hypoderm. d) Parenchymatisches Gewebe. e) Gefäßbündel
f) Markhöhle.

Parenchymzellen mit verdickter Wand, unterbrochen von Assimilationsparenchym. An dieses schließt sich parenchymatisches Gewebe, in dem die Gefäßbündel eingebettet liegen. Diese beherbergen insonderheit die langen Faserzellen (Gefäße, Tracheiden, Siebröhren, Geleitzellen). Das Innere bildet die leere Markhöhle. Abb. 3*.

Der Aufbau der einzelnen Faserzelle, gleichgültig, ob es sich um eine Tracheide, eine Holzfaser, eine Bastfaser oder ein Pflanzenhaar handelt, ist nun, was ihre Morphologie anbelangt, im Prinzip der gleiche. Abb. 4.

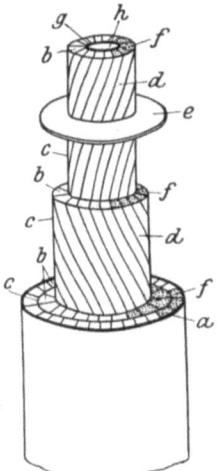

Abb. 4.

Aufbauschema einer pflanzlichen Faserzelle.

a) Primärlamelle.
b) 4 Schichten der Sekundärlamelle.
c) Tangentiale Längshäute zwischen den Schichten, Ursache der „Schichtung".
d) Radiale Längshäute, Ursache der „Streifung".
e) Doppelt ausgebildetes Querelement.
f) Fibrillen oder Primitivfasern.
g) Tertiärlamelle.
h) Lumen.

An die Mittellamelle schließt sich die Primärlamelle, ein dünnes Häutchen aus einer Fremdsubstanz. Hieran grenzt die Sekundärlamelle. Sie nimmt fast die gesamte Breite des Membrandurchmessers ein. Ihre Substanz ist in der Hauptsache Cellulose. Diese Lamelle ist, wie es scheint, stets geschichtet. Die Anzahl der Schichten ist sehr verschieden. Mehr als zehn dürften doch nur in seltenen Fällen vorhanden sein. Die Erscheinung der Schichtung ist auf dünne Häute zurückzuführen[1], die jede Schicht umkleiden. Jede dieser Schichten ist in Streifen geteilt, die leicht spiralig verlaufen. Der sich dadurch ergebende Drall hat in jeder Schicht abwechselnd entgegengesetzten Sinn. Auch die Streifung beruht auf der Anwesenheit der Fremdsubstanz. An die sekundäre Lamelle schließt sich nach dem Lumen zu die Tertiärlamelle an, eine dünne Haut, gleich der Primärlamelle aus einer Fremdsubstanz bestehend. Außerdem sind in der Faser sogenannte Querelemente vorhanden[1], aus einer Substanz gleich der der Primärlamelle. Zwischen diese Querelemente sind die Fibrillen ausgespannt, die ebenfalls in die Fremdsubstanz eingebettet angenommen werden[2]. Auch die Schichthäute und die Primärlamelle sind an diese Querelemente angewachsen.

---

* Die Aufnahme verdanke ich Herrn Dr. *A. Volk*, Privatdozent an der Landwirtschaftlichen Hochschule Bonn-Poppelsdorf.
[1] *M. Lüdtke*, A. **466**, 27, 1928.
[2] *Derselbe*, Papierfabrikant **28**, 129, 1930.

Eine solche Struktur ist allen Faserzellen eigen[1]. Bei den Pflanzenhaaren der Baumwolle ist die hier als Kutikula bezeichnete Primärlamelle und damit anscheinend die Substanz des gesamten Hautsystems aus einem anderen, kutinähnlichen Stoff.

Aus der Darstellung ist ersichtlich, daß die primäre und tertiäre Lamelle gegenüber der Sekundärlamelle anderen Bau und andere Substanz aufweisen, daß diese sowohl in ihrem morphologischen und chemischen als auch funktionellen Habitus den Schichthäuten gleichen. Man sollte daher die Einteilung in drei Lamellen aufgeben und von den Schichten der Zellwand sprechen, die durch dünne Häute gegeneinander und gegen die Mittellamelle abgeschlossen sind. Diese Erklärung gilt sinngemäß auch für die andern Zellformen. Ebenso auch für diejenigen pflanzlichen Gebilde, die sich, wie etwa die Stärkekörner, bei der Quellungsanalyse als geschichtet erweisen.

Die Fremdsubstanz wirkt wie ein Leim auf den Zusammenhalt der Schichten. Ihre Permeabilitätseigenschaften verhindern das Eindringen vieler gelöster Stoffe, auch von kohlenhydratspaltenden Fermenten und wirken damit der Quellung und Lösung entgegen. An anderer Stelle wurde der Bau der Zellwand mit dem einer Sperrplatte verglichen[2]. Kunstfasern fehlt natürlich die ,,Verleimung", die sie höchstwahrscheinlich viel stabiler machen würde.

2. Neue Untersuchungen zur Mikrochemie und Morphologie der verholzten Zellwand.

Für die Erkenntnis der Bau- und Substanzverhältnisse in der Fasermembran sind folgende Tatsachen, die an Quer- und Längsschnitten beobachtet werden können, von besonderer Bedeutung:

1. Die beschriebenen Querelemente bestehen aus zwei oder mehr dicht nebeneinander liegenden Häuten.

2. Die Fasermembran läßt sich quer zur Wachstumsrichtung nicht an beliebigen Stellen zerschneiden, sondern der ,,Schnitt" verläuft mit Vorliebe zwischen den Häuten des Hautsystems.

3. Die Substanz der Querelemente und Schichthäute gibt im nativen Zustand die Phloroglucin-Salzsäurereaktion und einige andere ,,Lignin"-Farbreaktionen, wird aber durch Aufschlußverfahren nicht wie das Lignin der Mittellamelle herausgelöst, sondern erleidet nur gewisse Veränderungen in ihrer Konstitution.

4. Sie ist für Chlorzinkjod und Kupferoxydammoniak im nativen Zustand impermeabel und färbt sich mit dem erstgenannten Reagens durch Speicherung geringer Jodmengen gelb an.

---

[1] *M. Lüdtke*, Papierfabrikant **28**, 129, 1930.
[2] *Derselbe*, Melliand Textilberichte **10**, 445, 1929.

5. Durch mechanische Verletzung der Querelemente, indem man sie quetscht oder mit einer Nadel durchsticht, so daß die Chlorzinkjodlösung zu den darunterliegenden Celluloseelementen treten kann, entsteht *augenblicklich* Blauviolettfärbung.

6. Die Mittellamelle muß wenigstens in ihrem morphologischen Aufbau mehrschichtig sein, da sich die Zellen gegeneinander verschieben lassen.

Im nachfolgenden werden das Beweismaterial und weitere Ausführungen zu obigen Behauptungen gebracht.

Zu 1. Die mehrfache Anlage der Querelemente geht aus der direkten Beobachtung am Quellungsbild hervor, worauf Verfasser bereits früher hinwies[1] (Abb. 5).

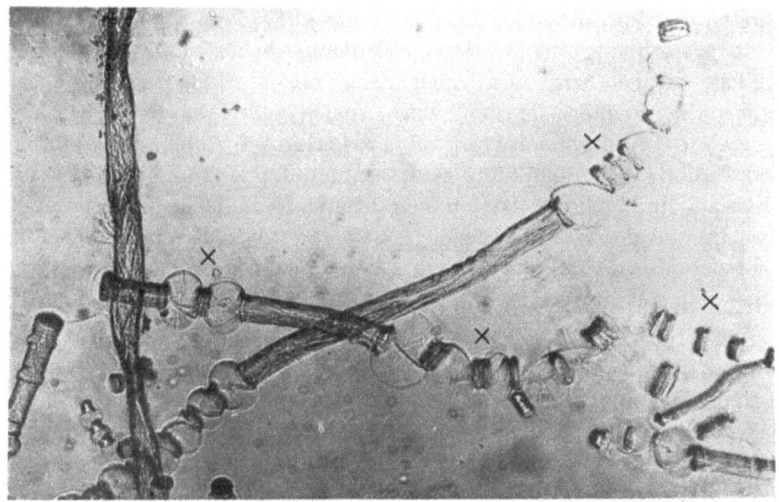

Abb. 5.
Quellungsbild von Kiefernholztracheiden in Kupferoxydammoniak.
Mehrfache Anlage der Querelemente ×.

Das Vorhandensein von zwei, vier oder mehr Membranen in einem Querelement wird leicht verständlich, wenn man die Entwicklung der Faser nicht vom bisher eingenommenen Standpunkt aus betrachtet,

---

[1] *M. Lüdtke*, A. **466**, 37, 1928; Quellungsbilder finden sich in dieser Arbeit Tafel 2 Fig. 3, sowie Melliand, Textilberichte **10**, 445, 1929, Abb. 3, und Papierfabrikant **28**, 129, 1930, Abb. 3, 6 und 7; siehe auch *R. Runkel*, Technologie und Chemie der Papier- und Zellstoffabrikation (Beilage zum Wochenbl. f. Papierfabrikation) **27**, 1930, Bild 9 und 10; *E. Opfermann*, *G. Rutz*, Papierfabrikant **28**, 780, 1930, Bild 20 bis 22. Da die Erscheinung auch in der Zwischenzeit regelmäßig mit großer Deutlichkeit beobachtet wurde, sei hier nur eine Abbildung wiedergegeben.

sondern für die Entstehung eine Erklärung gibt, ähnlich der für Tracheen geltenden. Von diesen der Leitung dienenden Bahnen weiß man nämlich seit langem, daß sie aus Primärzellen durch Fusionierung entstehen[1], was an den stehengebliebenen Querwänden direkt sichtbar ist. Auch läßt sich der Verschmelzungsprozeß mikroskopisch verfolgen. Bei den übrigen Faserzellen wie Tracheiden, Holzzellen, Bastfasern, Pflanzenhaaren war eine andere Erklärung des Wachstums üblich. Ihr Flächenwachstum wurde durch Intussuszeption, ihr Dickenwachstum durch Apposition erklärt. Außerdem wurde dem Turgor eine dehnende und damit wachstumsfördernde Eigenschaft zugesprochen.

In Analogie zu den Tracheen wird man die Querelemente daher als Überbleibsel der Teilungshäute der Primärzellen auffassen müssen. Das um so mehr, als auch im jugendlichen Gewebe niemals Faserzellen gefunden wurden, die keine Querelemente aufweisen. Die Faser ist in der Längsrichtung nicht durch kontinuierliches Längenwachstum lediglich infolge Ein- und Anlagerung neuer Substanz gewachsen, sondern die Primärzelle bzw. ihre Tochterzellen haben sich durch fortgesetzte Teilung verlängert, wobei alsbald nach Anlage der Teilungswand Fusion und Ausbildung gemeinsamen Lumens und gemeinsamer Primärlamelle erfolgte. Die übrigen Elemente sind mehr oder weniger verwachsen und den Ansprüchen, die das Gewebe an die Faserzelle stellt, entsprechend umgebildet worden. Die einzelnen Glieder des Hautsystems sind Haltepunkte im Wachstum der Zelle.

Eine Untersuchung, wie die Entstehung im einzelnen vor sich geht, zu führen, kann nicht Aufgabe des Chemikers sein. Jedenfalls sprechen alle Beobachtungen für die gegebene Erklärung, während die Möglichkeit nachträglicher Einschiebung der Fremdsubstanz in die Faser viel weniger Wahrscheinlichkeit für sich hat, denn ganz junge Fasern zeigen bereits die für das Querelement typische Kugelquellung, während eine Aufquellung der Gesamtfaser, die bei nachträglichem Einbau des Querelements wenigstens hin und wieder zur Beobachtung kommen sollte, nie gesehen wurde. Wohl aber konnte zuweilen an jugendlichen Fasern Perlschnurform beobachtet werden[2], ohne daß diese einer Quellung ausgesetzt worden waren. Auch korrespondieren Entfernung zweier Querelemente und Länge der sie begleitenden Parenchymzellen ungefähr miteinander.

Wir dürften also zunächst Zusammenschluß von Elementarzellen zur Faser oder zellenartige Ausstülpungen der Primärzelle haben,

---

[1] Siehe hierzu z. B. *Fitting, Jost, Schenk, Karsten*, Lehrbuch der Botanik, 16. Aufl., Jena 1923, S. 55/56.

[2] Siehe auch *L. Dippel*, Das Mikroskop, 2. Teil, Braunschweig 1872, S. 78.

wobei die Innenhäute aus der Fremdsubstanz zu den Querelementen werden, dann Umbau, den Anforderungen des Gewebes entsprechend, und bei gewissen Zellen, häufig bei Tracheen, Gefäßen und Siebröhren, eine nachträgliche Verstärkung der Wand durch Ring- oder Spiralleisten. Letztere liegen dann aber meist im Lumen der Zelle und sind als Wülste kenntlich; auch dürften sie im letzten Falle aus Cellulose bestehen, nicht aus der Fremdsubstanz.

Durch vorstehende Deutung der doppelten Querelemente würde auch eine Einheitlichkeit im Bau langgestreckter Elemente hergestellt sein.

Zu 2. Die mehrfache Ausbildung eines Querelements hat zur Folge, daß die Faser (falls die Elemente nicht zuweit voneinander entfernt liegen und das Hautsystem nicht gar zu fein ausgebildet ist, was bei Coniferen, Tracheiden und Holzzellen kaum, wohl aber bei Bastzellen vorkommen kann) beim Querschnitt nicht an beliebiger Stelle zerschnitten wird, daß der „Schnitt" vielmehr zwischen den Teilen eines Querelements hindurchgeht und die Faser an den Stellen abquetscht, an denen die Querelemente angelegt sind. Von diesem verbleibt ein Teil an der oberen, der andere an der unteren Schnittfläche. Wegen der Härte der Cellulosekristallite oder wegen der besonderen Eignung der Querwände für seitliche Verschiebung kommt die Abquetschung nur an diesen Stellen zustande; es sei denn, daß der Abstand der Querelemente sehr groß ist. Den eigentlichen Kristalliten weicht das Messer aus. Das geht so weit, daß an gut geführten Schnitten eine Celluloseanfärbung mit Chlorzinkjod praktisch gar nicht stattfindet.

Abb. 6a.

Querschnitt durch Fichtenholz. Einmalige Behandlung mit Chlorwasser und Ammoniak. Mittellamellen deutlich sichtbar. Der Zusammenhalt zwischen den Einzelzellen ist noch gewahrt.

Legt man in Schnitten, die etwa durch Chlorwasser- und Ammoniakbehandlung aufgeschlossen worden sind, die Einzelzellen durch Druck auf die Seite (Abb. 6a und 6b) und setzt sie einer vorsichtig geleiteten

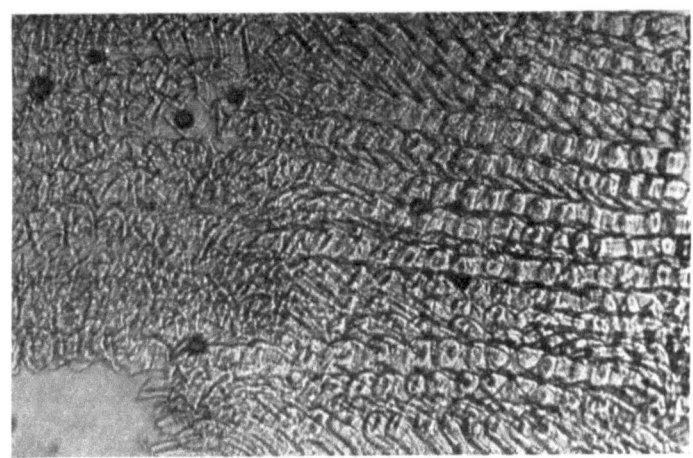

Abb. 6b.
Der gleiche Schnitt (6a) nach mehrmaliger Chlorwasser- und Ammoniakbehandlung. Der Zusammenhalt ist stark vermindert. Druck auf das Deckglas hat die Einzelzellen auf die Seite gelegt.

Aufquellung durch Kupferoxydammoniak aus, so zeigt sich, daß die Querelemente immer die Endflächen begrenzen. Je nach der Stärke der Ausbildung von Primärzellen und Querelementen sieht man dann entweder kugelförmige Auftreibung oder treppenförmige Ablösung.

Die Tatsache der mehrfachen Ausbildung der Querelemente und ihre Trennung in Einzelelemente beim Schnitt bildet also den Schlüssel für das Verständnis des sonderbaren Verhaltens bei der Anfärbung von Schnitten mit Cellulosereagenzien.

Wird das Gewebe nur aus Parenchymzellen aufgebaut, so geht der Schnitt mit Vorliebe in der Mittellamelle entlang. Anders ist es bei fleischigen und wenig verholzten Geweben, wo auch die Einzelzelle durchschnitten werden kann.

Zu 3. Die Substanz der Querelemente und der Längshäute der Sekundärlamelle gibt im nativen Zustand einige Farbreaktionen, die bisher als typisch für Lignin gehalten wurden, so z. B. die Phloroglucin-Salzsäurereaktion und die Anilinsalzreaktion, weshalb sie allgemein als Lignin angesprochen wurde. Sie wird indessen nicht von Oxydationsmitteln wie Chlorwasser oder Chlordioxydlösung und nachfolgender Behandlung mit schwachen Basen oder alkalisch wirkenden

Salzen und anderen Aufschlußverfahren herausgelöst, was sie vom Mittellamellenlignin unterscheidet.

Es ist nötig, hier zur Frage von Lignin oder Nichtlignin einige grundsätzliche Bemerkungen zu machen. Das Lignin wird bisher ja nur an gewissen Gruppenreaktionen oder Löslichkeitseigenschaften, also mehr äußerlichen Merkmalen, erkannt. Eine solche Erkennung kann natürlich nur vorläufigen Wert haben. Ziel muß die Konstitutionsaufklärung sein, denn nur die Konstitution kann Auskunft über die Zusammengehörigkeit zweier chemischer Individuen geben. Es erhebt sich nun die Frage, ob das Wort Lignin ein bestimmtes chemisches Individuum kennzeichnen soll oder ob wir in ihm eine Gruppenbezeichnung zu sehen haben. Im ersten Fall ist die Fremdsubstanz der Querelemente und der Längshäute sicher kein Lignin. Im zweiten läßt sich noch nicht sagen, ob es sich hier um ein Lignin oder eine ganz andere Substanz handelt, da der Bau beider Körper unbekannt ist.

E. Schmidt und Mitarbeiter bezeichnen diejenigen Anteile der Zellwand als Lignine, die ungesättigt und durch Wechselwirkung von Chlordioxyd und alkalisch wirkenden Salzen quantitativ entfernbar sind[1]. Nach dieser Definition wäre die Fremdsubstanz also kein Lignin.

Nach der Behandlung mit Chlorwasser ist die Substanz der Querelemente wie überhaupt des Hautsystems sauer. Die Bildung der Carboxylgruppen geht parallel der Abnahme der Phoroglucinreaktion, weshalb angenommen werden muß, daß die phloroglucinbindende Gruppe es ist, die oxydiert wird. Da sich der Schnitt nativen Gewebes sowohl bei Fichten- und Aspenholz als auch bei Weizenhalmen im Verlauf von ein bis zwei Stunden in fuchsinschwefliger Säure schwach rötet, so wird eine Aldehydgruppe hierfür verantwortlich zu machen sein[2]. Auch das Ausbleiben der Reaktion nach Behandlung mit Hydroxylamin und anderen Aldehydreagenzien spricht dafür. Möglicherweise erhalten neben dieser auch noch andere Gruppen, wie Doppelbindungen oder primäre Alkoholgruppen, Säurefunktion. Durch nachfolgende Behandlung mit schwachen Basen oder basisch wirkenden Salzen läßt sich die Substanz im Gegensatz zu Lignin nicht herauslösen. Während das Ammonium- oder Alkalisalz der Ligninsubstanz dunkelbraun ist, besitzen diese Salze der Hautsubstanz eine schwach gelbe Farbe. Alle diese Eigenschaften unterscheiden sie vom Lignin. Die Farbreaktionen

---

[1] *E. Schmidt, K. Meinel, K. Nevros, W. Jandebeur,* Cellulosechemie 11, 49, 1930.

[2] Auch für das Lignin werden Aldehydgruppen für die Bindung des Phloroglucins verantwortlich gemacht. So sprechen *E. Nickel* (Chemiker-Ztg. 11, 1520, 1887) und *Th. Seliwanow* (Chemiker-Ztg. 11, 1486, 1887) die Farbreaktionen als Aldehydreaktionen an. Siehe auch *V. Grafe*, M. 25, 987, 1904; *E. Ungar,* Dissertation Zürich 1914.

sind für letzteres nicht typisch. Hierauf beruhen die Widersprüche vieler Beobachtungen, die „Verholzung" betreffend. Es wird also in Zukunft nötig sein, zwischen der Substanz des Hautsystems und der Ligninsubstanz der Mittellamelle zu unterscheiden.

Aus den dargelegten Gründen muß auch eine quantitative Bestimmung des Lignins durch Phloroglucin[1], eine Methode, die auch zur Bestimmung von Holzschliff im Papier empfohlen wurde, fehlerhaft sein.

Wie am Schlusse mitgeteilte Versuche zeigen, läßt sich die Menge der Säuregruppen durch Einbringen des Zellstoffs in verdünnte Natronlauge und Rücktitration bestimmen. Die Faser, die anfangs sauer war, reagiert jetzt gegen Lackmus neutral. Wasser vermag die Base nicht oder nur in ganz beschränktem Maße auszuwaschen. Schwache Säuren entfernen sie vollständig und machen die Zellmembran wieder sauer und damit für basische Stoffe wieder aufnahmefähig. Ebenso verhalten sich Ammoniak und andere lösliche Metallhydroxyde. Da nun technisch gewonnene Faserstoffe nach dem Aufschluß fast ausnahmslos eine Bleiche durchmachen, zu der Chlorkalk oder Natronhypochlorit verwendet werden, geht der Faserstoff stets neutralisiert aus diesen hervor und besitzt stets eine Menge von Metallen, die durch Hauptvalenzbindung festgehalten wird und durch Waschen mit Wasser nicht entfernt werden kann. Hierauf dürften auch einige Widersprüche zurückzuführen sein, die sich bei der Untersuchung der Aufnahme von Metallen aus Salzlösungen durch die Faser ergeben[2] und die *Schwalbe* und *Teschner* zu klären suchen[3]. Natürlich muß man auch berücksichtigen, daß durch den technischen Druckaufschluß die Hautsubstanz Veränderungen erlitten haben kann, die möglicherweise auch die Aldehydgruppe betreffen. Wie Verfasser zeigte, ist das Quellungsbild technischer Zellstoffe oft recht undeutlich[4].

Zu 4. Es könnte auf den ersten Blick ungewöhnlich erscheinen, daß die dünne Membran des Querelements in nativem Zustande für die Chlorzink-Jodlösung nicht permeabel sein sollte. Dem ist jedoch nicht so. Es liegt eine ganze Reihe von Arbeiten vor, die die Kutikula, und diese entspricht ja der Primärlamelle der Gewebefaser, auf ihre Durchlässigkeit für Farbstofflösungen untersuchten. Sie erwies sich gegenüber allen geprüften — und das war eine sehr große Anzahl — völlig impermeabel[5].

---

[1] *A. F. Cross, E. J. Bevan, J. F. Briggs*, B. **40**, 3119, 1907; Chemiker-Ztg. **31**, 725, 1907; siehe auch *Korn*, Zellstoff und Papier **7**, 315, 1927.

[2] *C. G. Schwalbe, Robsahm*, Wochenbl. f. Papierfabrikation **43**, 1454, 1912; *E. Heuser*, Papierfabrikant **42**, 1190, 1205, 1914; *Tingle*, Journ. Ind. Eng. Chem. **14**, 198, 1922.

[3] *C. G. Schwalbe, G. Teschner*, Papierfabrikant **23**, Festheft, 144, 1925.

[4] *M. Lüdtke*, Melliand Textilberichte **10**, 445, 1929.

[5] Siehe *Czaja*, Planta **10**, 424, 1930.

Interessant ist nun, daß, sobald die oxydierende Wirkung des verwendeten Agens (siehe Tabellen I bis III) vollzogen ist, was lediglich einige Stunden in Anspruch nimmt, die Chlorzink-Jodanfärbung positiv und damit Permeabilität vorhanden ist. Da durch die Oxydationsmittel scheinbar nur eine Wirkung auf Aldehyd-, vielleicht noch auf ungesättigte Gruppen vollzogen wird, muß man also folgern, daß diese geringe Veränderung im Molekül der Fremdsubstanz, die für seine Größe vielleicht gar keine Rolle spielt, eine weitgehende Beeinflussung der kolloidchemischen Eigenschaften im Gefolge hat.

Die Hautsubstanz ist im nativen Zustande auch für Kupferoxydammoniak nicht durchlässig, weshalb ein Herauslösen der Cellulose aus der darunter liegenden Sekundärlamelle einfach unmöglich wird. Erst längeres Verweilen in einer Säure oder in Alkalien und kürzere Behandlung mit oxydierenden Mitteln machen diese Membran permeabel. Sie läßt in der isolierten Faser das Kupferoxydammoniak hinein, aber nicht die Celluloselösung nach außen treten. Auf dieser Tatsache und der außerordentlichen Dehnbarkeit der Primärlamelle auch in dem veränderten Zustand, in dem sich nach der Isolierung die Faser befindet, beruht die Kugelquellung in diesem Medium.

Zu 5. Wenn die alte Auffassung, daß die Sekundärlamelle mit Lignin durchwachsen sei und dieserhalb keine Anfärbung mit Chlorzinkjod gebe (sondern in gut geführten Schnitten nur eine Gelbfärbung durch Speicherung von Jod), richtig wäre, so sollte man erwarten, daß einmal doch eine leichte Tingierung an einzelnen Punkten zu sehen wäre und zum andern ein Druck auf die Zelle oder ein Anstechen der Sekundärlamelle mit einer feinen Nadel keine weitere Veränderung hervorruft. Dem ist aber nicht so. Man hat nur nötig, solche mit Chlorzinkjod gelb gefärbten Schnitte zu quetschen (Abb. 7) oder in der Sekundärlamelle anzustechen, um augenblicklich unter dem Mikroskop an den von der Verletzung betroffenen Stellen Blauviolettfärbung wahrnehmen zu können. Auch jede andere Art der Zerstörung des Feinbaues, z. B. durch Herstellung von Schnitten mit einem schartigen Messer oder durch Zermahlen, führt zum Ziel. Die Deutung dieses Phänomens aus der Vermengung der Komponenten heraus vermag diesen Tatsachen nicht gerecht zu werden, wohl aber die vom Verfasser geäußerten Anschauungen eines Hautsystems in der Membran[1].

Zu 6. Auch die Mittellamelle dürfte, wenigstens in ihrem morphologischen Aufbau, nicht einheitlich sein. Verfasser wies schon früher darauf hin[2], daß Holz besonders leicht in der Mittellamelle spaltet,

---

[1] Diese Anschauung ist also nicht identisch mit der von *König* und *Rump* (l. c.), wie man einer Mitteilung von *E. Schmidt, Meinel, Nevros* und *Jandebeur*, Cellulosechemie 11, 51, 1930, entnehmen könnte.

[2] *M. Lüdtke*, B. 61, 465, 1928.

daß also sozusagen jede Zelle sich mit einer eigenen Mittellamelle umgeben hat, die mit der der Nachbarzelle an den Grenzflächen verwachsen ist, möglicherweise unter Zuhilfenahme einer verleimenden Substanz. Inzwischen hat sich auch *Lepik*[1] der Ansicht einer mehrschichtigen Mittellamelle aus anderen Gründen angeschlossen. Seine Untersuchungen gelten allerdings der nicht verholzten Wandung der Kartoffelknolle, dürften also eine pektinartige Substanz betreffen.

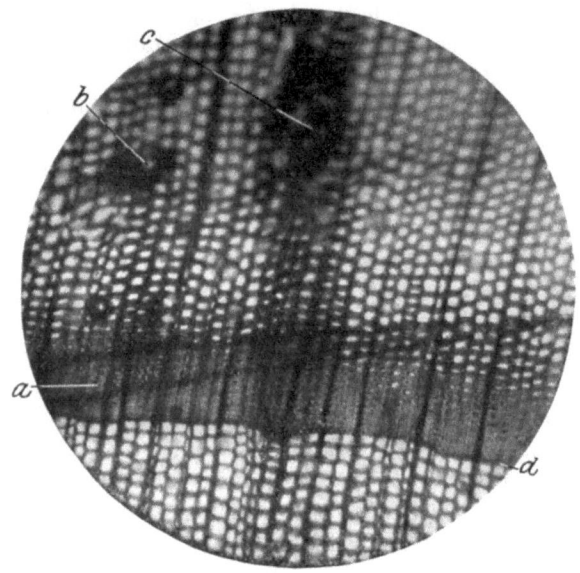

Abb. 7.
Querschnitt von Fichtenholz in Chlorzinkjodlösung.
a) Zerstörung der Haut durch schartiges Messer.
b) Mit der Spitze einer Präpariernadel angestochene Zellen.
c) Mit der Präpariernadel gequetschte Zellen.
d) Jahresring.
Die drei Stellen a, b und c sind durch Chlorzinkjodlösung blau gefärbt, alles andere ist gelb.

Ein weiterer Beweis für die geäußerte Ansicht besteht darin, daß die Einzelzellen beim Einbringen von Schnitten in 70 bis 75%ige Schwefelsäure sich gegenseitig infolge Verquellung der Sekundärlamellen in der Mittellamelle verschieben (Abb. 8), was nicht der Fall sein dürfte, falls diese einheitlich ist.

Auch vom physiologischen Standpunkt aus ist ein solches Bauprinzip zu fordern, da ja dauernd Veränderungen in der Lage wachstums-

---

[1] *Lepik*, Phytopathologische Zeitschr. 1, 83, 1929.

Aufbau und Bildung der pflanzlichen Zellmembran. 15.

fähiger Zellen zueinander stattfinden, was auch als gleitendes Wachstum bezeichnet wird[1].

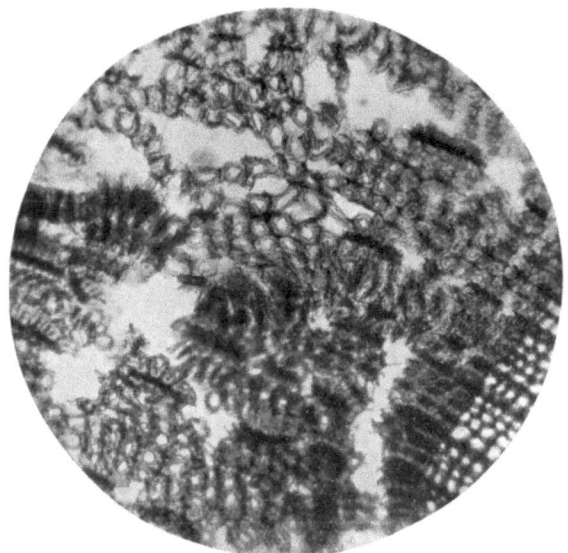

Abb. 8.
Fichtenholzquerschnitt in 75%iger Schwefelsäure. Verschiebung der einzelnen Zellen gegeneinander in der Mittellamelle.

3. Über die Phloroglucin- und die Chlorzinkjodreaktion nach Behandlung der Membran mit verschiedenen Mitteln.

Wie im vorigen Abschnitt gezeigt worden ist, gibt die Substanz des Hautsystems im nativen Zustand eine rote Farbreaktion mit wässeriger Phloroglucin-Salzsäure, die durch den Chloraufschluß verschwindet.

Es war nun zu untersuchen, zu welchem Zeitpunkt und durch welche Reagenzien die Rotfärbung aufgehoben wird und die Chlorzinkjodfärbung der Cellulose auftritt. Wie aus den Tabellen I bis III, die Mikrotomschnitte von Fichten- und Aspenholz sowie Weizenhalmen betreffen, zu entnehmen ist, sistieren saure Agenzien unter den angegebenen Umständen die Phloroglucinreaktion nicht. Selbst ein Mittel wie 72%ige Schwefelsäure kann nicht verhindern, daß noch nach 24 Stunden zwar schwächere, aber doch deutlich sichtbare Reaktion vorhanden ist.

Etwas schneller bringen Basen die Phloroglucinreaktion zum Verschwinden. So ist die Rotfärbung nach 24stündigem Liegen der Schnitte in 6%iger Natronlauge und 2%igem Ammoniak abgeschwächt

---

[1] *G. Krabbe*, Das gleitende Wachstum, Berlin 1886.

Tabelle 1. Anfärbung von Fichtenholzschnitten mit Phloroglucin-Salzsäure und Chlorzinkjodlösung nach Behandlung mit verschiedenen Mitteln.

	Phloroglucin-Salzsäurereaktion nach				Chlorzinkjodreaktion nach		
	1 Std.	24 Std.	Aufkochen	1 Std. bei 95°	3 Std.	24 Std.	1 Std. bei 95°
12% HCl	+++	++			Nur innen	Sich von innen langs. anfärbend	
H₂O₂, 3%	+++	++			"	Nur inn. schwach	
NH₃, 2%	+++	++			"	Nur innen	
NaOH, 6%	+++	++			"	"	
NH₃, 2% + H₂O₂, 3%	Nahezu verschwunden	Sekundärlamelle rosa +++	+++		Nur innen, zuweil. schwache Durchreaktion	+++	
Phenol Chlorwasser 0,4%	Nur in dicken Schnitten schwachrot	— —		—	Teilweise Blaufärbung	+++	
H₂SO₄, 72%	+++	Mittellamellegelb Sekundärlamelle rosa +++			Nur noch ein Teil der Zellen zeigt Blaufärbung	Nur an einigen Stell. Blaufärb., sonst Auflösung	+
HCl, 6% + Zn	+++	++			Nur inn. gefärbt	Nur innen gefärbt	
Phenol + 2 Tropfen n/10 HCl HNO₂	+++	++		+++	Nur innen schw. gefärbt	Langs. von innen dunkel werdend	
HNO₃, 10%	+++	++			Nur innen gefärbt, gequollen	Mittellamelle dunkelgelb, Membran hell.	
H₂SO₃	+++	++			Nur inn. gefärbt	Sich von innen an färbend	
Natriumhypochlorit	—	— —			Größten Teils gefärbt	Verquollen +++	
H₂O₂ + HCl	++	+			Nur innen	Sich von innen langsam anfärb.	

Tabelle II. Anfärbung von Aspenholzschnitten mit Phloroglucin-Salzsäure und Chlorzinkjodlösung nach Behandlung mit verschiedenen Mitteln.

	Phloroglucin-Salzsäurereaktion nach		Chlorzinkjodreaktion nach	
	3 Std.	24 Std.	3 Std.	24 Std.
H_2SO_4, 72%	Färbt sich noch in Markstrahlen und Mittellamellen an. Sekundärlamelle größten Teils aufgelöst	Schwach +	Nur noch einige Zellen zeigen Chlorzinkjodreaktion, stark deformiert	Vom Lumen her teilweise durchgefärbt
HCl, 12%	+++	++	Nur innen gefärbt	Sich von innen anfärbend
H_2SO_4, 5%	+++	++	Nur innen gefärbt	Mittellamelle dunkelgelb, Membran heller
HNO_3, 10%	++	+	Dasselbe	Beginnt von innen durchzureagieren
HNO_3	+++	+++	„	Nur innen gefärbt
HCl, 6% + Zn	+++	++	„	Dasselbe
H_2O_2	–	–	„	++
H_2O_2, 3% + NH_3, 2% NH_3, 2%	++	Schwach	„	Beginnt von innen durchzureagieren
Chlorwasser 0,4%	Alles farblos	– –	Membran größten Teils blau, Brücken u. Mittellamelle gelb	Durchweg blau gefärbt
Natriumhypochlorit	–	– –	Größten Teils angefärbt	Verquollen, Brücken und Mittellamelle erscheinen noch dunkler als blau als übrige Membran
NaOH, 6%	++	++	Nur stellenweise gefärbt	Sich von innen langsam anfärbend
H_2O_2, HCl	++	+	Nur innen gefärbt	Vom Lumen her teilweise durchgefärbt

Tabelle III.

Phloroglucin-Salzsäurereaktion und Chlorzink-Jodreaktion von Weizenhalmschnitten zwischen dem ersten und zweiten Internodium nach verschieden langer Behandlung mit den in Spalte 1 genannten Reagenzien.

	Phloroglucin-Salzsäurereaktion nach		Chlorzink-Jodreaktion nach	
	2 Std.	24 Std.	2 Std.	24 Std.
HCl, 12%	++	+	Hypoderm kaum gefärbt. Die Gefäßbündel an gewissen Stellen starke Färbung	+
NaOH, 6%	+	+	Etwas intensiver als vorstehend	+
Chlorwasser 0,4%	—	—	+	++
NaOCl	—	—	++	+++
H_2O_2, 1,5% + NH_3 1%	+	—	+	++
H_2O_2, 1,5% + HCl 0,2%	++	+	Wie für HCl angegeben	+

und einstündiges Erhitzen in 6%iger Natronlauge (95°) läßt keine Farbreaktion mehr erkennen.

Ganz anders wirken Oxydantia. Chlor als 0,4%iges Chlorwasser, also in schwach saurer Lösung oder in Kombination mit Basen als Natriumhypochlorit gebraucht, läßt in dünnen Schnitten (etwa 20 μ) schon nach einer Stunde keine Phloroglucinreaktion mehr hervortreten, während sie sich bei dickeren Schnitten (etwa 50 μ) hin und wieder noch schwach abzeichnet. 3%iges Wasserstoff-Peroxyd allein hat gar keine Wirkung. Auch Zusatz von 6%iger Salzsäure erhöht die Wirkung nur wenig. Mit dem gleichen Volumen 2%igen Ammoniaks verdünnt, ist die Phloroglucinreaktion nach einer Stunde nahezu, nach einem Tage völlig verschwunden.

Parallel zu den Versuchen über das Verhalten der Membran zu Phloroglucin und Salzsäure gingen solche mit Chlorzinkjod. Es zeigte sich, daß diese Reaktion um so deutlicher auftritt, je weiter die Phloroglucinfärbung zurückgegangen ist. Sie ist also viel stärker nach einstündiger Einwirkung von Chlorwasser, Wasserstoff-Peroxyd und Ammoniak oder Natriumhypochlorit, als nach eintägigem Liegen der Schnitte in 12%iger Salzsäure, 10%iger Salpetersäure oder Schwefelsäure, salpetriger und schwefliger Säure, 6%iger Natronlauge, 2%igem Ammoniak oder heißem Phenol (siehe Tabellen I bis III).

Ein reduzierendes Agens wie Zink und Salzsäure vermochte keine Einwirkung zu erzielen.

Aus diesen Untersuchungen ergibt sich ganz klar, daß nicht das hydrolysierende sondern das oxydierende Mittel es ist, das zur Aufhebung der Phloroglucin- und zum Eintritt der Chlorzink-Jodreaktion führt. Wenn diese Tatsache früher als Sprengung von Ester- oder Ätherbindung zwischen Lignin und Cellulose gedeutet wurde, so muß man sich fragen, warum denn die viel stärkeren sauren und basischen Mittel nicht das zuwege bringen, was die schwach sauren und basischen Oxydantia in viel kürzerer Zeit vermögen. Nicht die Sprengung der chemischen Bindung zwischen Lignin und Cellulose führt zum Verschwinden der Phloroglucin-Salzsäurereaktion und zum Eintritt der Chlorzink-Jodreaktion, wie bisher meistens angenommen wurde, sondern die Oxydation der Hautsubstanz von Aldehydcharakter zur Säure und die damit zusammenhängende Permeabilität hat diese Erscheinungen im Gefolge. Auch hierdurch wird also Punkt 1 unserer Ausführung in dem eingangs gegebenen Sinn bestätigt. Siehe hierzu auch Abschnitt 5 und 6.

Es sei noch darauf hingewiesen, daß nach Einwirkung gewisser Mittel, wie schwefliger Säure (5%ig), Salpetersäure (10%ig) oder Natriumhypochlorit die Phloroglucinreaktion eine Verschiedenheit in der Farbe der Mittellamellensubstanz und der der Querelemente aufweist. Da beide Bauelemente verschiedene Dicke haben und der Farbton hierdurch beeinflußt wird, ist es naturgemäß schwierig, hierauf Aussagen über substantielle Verschiedenheiten zu gründen, wenngleich auch anzunehmen ist, daß die beobachteten Differenzen wenigstens zum Teil auf ihnen beruhen.

Weiter ist ersichtlich, daß das Vorhandensein einer Farbreaktion nicht für die gesamte darunter liegende Substanz zu gelten braucht, da durch den lamellösen Bau der wahre Sachverhalt oft verschleiert wird; eine Verletzung der Lamelle durch mechanische Mittel kann hier oft Klarheit schaffen.

4. Über Verholzung und Entholzung.

Aus den Darlegungen der vorangegangenen Abschnitte ist ersichtlich, daß viele Angaben, die man über das Lignin, seinen Lagerort und seine Formung gemacht hat, dieses gar nicht betreffen, vielmehr der Substanz des Hautsystems zukommen. Das gilt insbesondere für alle diejenigen Arbeiten, die über das Vorhandensein von Lignin in der Sekundär- und Primärlamelle berichten, ferner für viele Untersuchungen, die den Vorgang der Verholzung und Entholzung betreffen[1].

---

[1] *Sanio*, Jahrb. f. wiss. Bot. 9, 50, 1873; *Burgerstein*, Sitzungsberichte der Wiener Akademie der Wissenschaften 70, 1, 1874; *Lange*, Flora, N. F., 49, 393, 1891; *Warburg*, Ber. d. deutschen bot. Ges. 11, 425, 1893; *Schellenberg*, Jahrb. f. wiss. Bot. 29, 237, 1896; *Nathanson*, Jahrb. f. wiss. Bot. 32, 671, 1898; *Linsbauer*, Verhandlungen der zool.-bot. Ges. Wien 58, 89, 1908. R. *Hartig*, Lehrbuch der Anatomie und Physiologie der Pflanzen 1891; *E. Schilling*, Jahrb. f. wiss. Bot. 62, 528, 1923; *W. G. Alexandrov, S. J. Djaparidze*, Planta 4, 467, 1927; *A. Frey*, Ber. d. deutschen bot. Ges. 46, 444, 1928; *W. G. Alexandrov, O. G. Alexandrova*, Planta 7, 340, 1929.

Der Begriff der Verholzung, der ursprünglich den Gesamthabitus eines bestimmten pflanzlichen Gewebes charakterisierte, also physikalische, chemische, morphologische, physiologische, ökologische und teleologische Eigenschaften gleichermaßen umschrieb, wurde dadurch, daß es gelang, chemische Reaktionen aufzufinden, die besonders in sogenannten verholzten Zellwänden vorkamen, mehr und mehr zu einem chemischen Begriff umgebogen. Das brachte ihn in einen Widerspruch zu sich selbst. Denn wie es einerseits Gewebe gibt, die keine der „Holz"-Reaktionen zeigen, aber ihrem ganzen Verhalten nach Holzcharakter haben, existieren andererseits pflanzliche Gebilde, die sich umgekehrt verhalten[1]. Überdies lehren diese Untersuchungen, daß geringfügige Veränderungen im Molekülbau gewisser Stoffe genügen können, eine Farbreaktion aufzuheben. Ihr Verschwinden oder Auftreten braucht also keineswegs identisch zu sein mit der Fortschaffung oder Bildung des Stoffes, wie oft, wenn von Entholzung oder Verholzung die Rede ist, als selbstverständlich angenommen wird.

Man sollte daher dem Begriff der Verholzung seinen ursprünglichen Sinn wiedergeben und nicht von Holzreaktionen sprechen, da es ja nur einige, wenn auch charakteristische, so doch nicht für das Holz typische Stoffe sind, die sie geben. Aus dem Gesagten wird deutlich, daß der Begriff der Verholzung ein Zweckmäßigkeitsbegriff ist, der sich vom Standpunkt einer Disziplin aus gar nicht exakt begrenzen läßt, es sei denn, daß man ihm seinen übergeordneten Sinn nimmt.

Es ist bekannt, daß die „Verholzung" der sekundären Lamellen — durch die Phloroglucinreaktion verfolgt — in den peripheren Schichten beginnt und nach innen fortschreitet. Der Vorgang ist oft von einer Verdickung der Wand, also Vermehrung der Schichten begleitet. Umgekehrt geht die Entholzung vor sich: die Phloroglucinreaktion verschwindet zunächst auf den inneren Schichten und danach auf den äußeren. Ist eine Schicht „entholzt", so sind Fermente — sowohl solche des Gewebes als auch diejenigen anderer, Gewebe auflösender pflanzlicher oder tierischer Organismen — imstande, die darin befindlichen Kohlenhydrate abzubauen. Daher sieht man den Vorgang der Entholzung oft von einem Dünnerwerden der Zellwand begleitet.

Es hat also den Anschein, als ob die Substanz des Hautsystems einen Schutz der Wand gegen auflösende Prinzipien darstellt und daß, sobald ein Teil der Zellwand (Fibrille, Streifen, Schicht) erst von der Hautsubstanz eingehüllt ist, er der Umbildung und dem Wachstum weitgehend entzogen und in einen stabilen Zustand getreten ist. Soll die Zellwand umgebildet oder völlig aufgelöst werden, so ist zunächst eine

---

[1] *F. C. v. Faber*, Ber. d. deutschen bot. Ges. **22**, 177, 1904.

Veränderung der Hautsubstanz notwendig. Ihre Umbildung braucht keine vollständige Beseitigung zu sein. Eine Veränderung gewisser chemischer Gruppen kann, wie oben gezeigt worden ist, genügen, um Permeabilität und damit die Möglichkeit fermentativen Eingriffs zu schaffen.

Diese Tatsache der Entholzung bzw. des Auflösens verholzter Gewebe setzt voraus, daß die Pflanze, falls die Notwendigkeit dafür eintritt, Fermente produzieren kann, die sowohl die Hautsubstanz als auch das Lignin abzubauen imstande sind. Da andererseits auf die große Resistenz des Hautsystems gegenüber kohlenhydratspaltenden Enzymen hingewiesen werden konnte[1], dürfte die Hautsubstanz kaum kohlenhydratartigen Charakter haben. Wie die Cellulase auf verschiedene Zellstoffpräparate wirkt, ist besonders von *Karrer* und seinen Mitarbeitern untersucht worden[2]. Hier sieht man deutlich, wie neben der „Packung" das Hautsystem der Verzuckerung entgegenwirkt.

Ähnlich liegen die Verhältnisse bei der Stärke, die bekanntlich erst nach Verquellung, wobei das Hautsystem zerreißt, löslich wird.

Über die Veränderungen, welche die Substanz im Boden erfährt, läßt sich aus neueren Arbeiten entnehmen[3], daß sie mit der Zeit einen Abbau erleidet. Sie verhält sich also auch in dieser Beziehung anders als das Lignin, das zwar verändert, aber nicht aufgelöst wird.

5. Über das Herauslösen von Cellulose aus nativem Gewebe.

Aus vorstehenden Darlegungen ist zu ersehen, wie sich die einzelnen Lamellen von chemisch verschiedener Substanz schalenartig umhüllen. Um also eine Herauslösung der Cellulose zu erreichen, ist es nötig, entweder die Mittel- und Primärlamelle zu entfernen oder ein celluloselösendes Mittel in Anwendung zu bringen, das sowohl für sich als auch mit der Cellulose beladen durch die genannten Lamellen permeieren kann. Da ein solches Mittel kaum bekannt sein dürfte, bleiben zur direkten Auflösung der Cellulose nur zwei Wege übrig: entweder die Lamellen so zu verändern, daß sie für Medium und Celluloselösung permeabel werden, oder eine weitgehende Zerkleinerung des Gewebes vorzunehmen.

[1] *M. Lüdtke*, A. **466**, 27, 1928; Phytopathologische Zeitschr. **2**, 341, 1930.
[2] *Seillère*, Compt. rend. soc. biol. **63**, 515, 1907; *P. Karrer*, Zeitschr. f. angewandte Chemie **37**, 1003, 1924; *P. Karrer*, *H. Illing*, Kolloidzeitschr., Ergänzungsbd. **36**, 91, 1925; Helv. **8**, 245, 1925; *P. Karrer*, *P. Schubert*, *Wehrli*, Helv. **8**, 797, 1925; **9**, 893, 1926; *O. Faust*, *P. Karrer*, ebendaselbst **12**, 414, 1929.
[3] *F. Fischer*, *R. Lieske*, diese Zeitschr. **203**, 362, 1928; *E. Opfermann*, *G. Rutz*, Papier-Fabrikant **28**, 780, 1930.

Der erste Weg wurde von *Hoffmeister*[1] und neuerdings von *Kalb* sowie *Freudenberg* und deren Mitarbeitern[2] beschritten, indem sie das Material abwechselnd mit Säure und Kupferoxydammoniak behandelten. Der zweite wird im nachfolgenden benutzt. Die Zerkleinerung muß zu diesem Zwecke soweit getrieben werden, daß die einzelne Zelle zerrissen wird. Das als Sägemehl bekannte Produkt erfüllt diese Bedingungen nicht.

Gelingt es unter solchen Umständen, eine erhöhte Auflösung z. B. in Kupferoxydammoniak zu erzielen, so ist erwiesen, daß die schlechte Auflösbarkeit nicht auf chemische, also Hauptvalenzbindung an andere Membranbestandteile, besonders an Lignin, zurückzuführen ist. Es sei denn, daß man eine gleichzeitige Aufhebung der chemischen Bindung bei der Lösung durch das Agens befürwortet. Diese Bindungssprengung müßte dann stets an der gleichen Stelle und in gleicher Reaktion vor sich gehen, gleichgültig, ob man basisch wirkende Mittel wie Kupferoxydammoniak oder Alkali, Säuren oder oxydierende Agenzien anwendet. Denn durch alle diese Mittel erhält man die gleiche Cellulose.

Zu unseren Versuchen verwenden wir:

1. Einen als „Mehlstoff" bezeichneten Holzschliff[3] aus Fichtenholz. Er hatte lediglich eine mechanische Bearbeitung am Stein erfahren; die mikroskopische Betrachtung zeigte, daß es sich um einen sehr fein zerteilten Holzschliff handelt. Er wurde noch weiter im Mörser zerrieben.

2. Einen normalen Fichtenholzschliff der gleichen Firma.

3. Fichtensägemehl.

Die nachstehende Tabelle zeigt, daß je weiter die Zerkleinerung getrieben wurde, desto größer die Ausbeute an herausgelöster Cellulose war.

Tabelle IV.

Fichtenholz in verschiedener Zerkleinerungsform. Ausbeute an Cellulose durch Extraktion mit Kupferoxydammoniak (genaue Behandlungsweise siehe unter „Versuche").

	Mehlstoff	Holzschliff	Sägemehl
% Cellulose einschließl. Hemicellulosen	21,16	10,30	3,52

Hiermit ist erwiesen, daß eine Löslichkeit weitgehend zu erreichen ist, wenn man für entsprechende Zerkleinerung sorgt. Daß die Auflösung der Cellulose auch bei Mehlstoff noch nicht vollständig ist, lag lediglich

---

[1] W. *Hoffmeister*, Landwirtsch. Jahrb. 17, 239, 1888.
[2] L. *Kalb*, Th. *Lieser*, B. 61, 1007, 1928; K. *Freudenberg*, H. *Zocher*, W. *Dürr*, B. 62, 1814, 1929.
[3] Das Produkt verdanke ich der Freundlichkeit von Herrn P. *Klem*, Vorstand der technischen Abteilung der Norsk Traemassekomp. AS., Oslo.

an der immer noch nicht genügenden Zerstörung des Hautsystems, wie die mikroskopische Betrachtung zeigte. Demnach wird die erste, eingangs unserer Arbeit gestellte Frage auch durch diese Versuche dahin beantwortet, daß Hauptvalenzbindung von Cellulose und Lignin nicht statthaben kann.

6. Diskussion eigener Ansichten über die verholzte Zellwand.

Dem Leser wird nicht entgangen sein, daß die beschriebenen Beobachtungen und ihre Deutungen in dieser oder jener Hinsicht im Gegensatz zu den Ansichten anderer Autoren stehen. Diese Widersprüche verlangen jetzt eine Klärung.

Ritter[1] hat angegeben, daß in der Primär- und Sekundärlamelle etwa 25% einer als Lignin zu bezeichnenden Substanz und in der Mittellamelle etwa 75% der gesamten Ligninmenge (hier in einer Form von höherem Methoxylgehalt und hellerer Farbe) vorliegen, die beim Aufschluß herausgelöst werden. Der Verfasser kam zu dieser Deutung seiner Untersuchungsresultate, weil er sich der alten Ansichten vom morphologischen Bau der Membran bediente und eine Methodik wählte, die (wie er selbst zugibt) zur Festlegung des Lagerortes nicht ausreichend sein konnte. Wir geben nur zu bedenken, daß eine um eine solche Substanzmenge beraubte Faser in ihrer Festigkeit[2] derart gelitten haben muß, daß sie ihre Aufgabe nicht mehr erfüllen kann. Wie ein Zerstören und Herauslösen der nur 2 bis 3% betragenden Fremdsubstanzmenge aus der Membran wirkt, sehen wir beim Vorgang der Carbonisierung. Hierbei zerfällt die Faser in kurze Stücke von der Länge des Zwischenraumes zweier Querelemente[3].

K. Freudenberg und seine Mitarbeiter sind der Ansicht[4], daß in der gesamten Membran (also sowohl der Mittel- als auch der Primär- und Sekundärlamelle) z. B. des Fichtenholzes nur *ein* Lignin vorkommt. Dieser Ansicht kann nach Vorstehendem nicht beigepflichtet werden. Es handelt sich hier um zwei Substanzen, möglicherweise um zwei Lignine, von denen die eine durch den Aufschluß entfernt wird, während die andere zwar in ihrem chemischen Bau verändert wird, aber in ihren Formelementen erhalten bleibt. Diese Formelemente stellen nicht,

---

[1] *G. J. Ritter*, Ind. Eng. Chem. 17, 1194, 1925.
[2] Unter Festigkeit ist hier nur die Festigkeit der Einzelfaser zu verstehen. Die Gesamtfestigkeit eines technischen Fasermaterials setzt sich aus der Festigkeit der Einzelfaser, ihrer Länge und Kräuselung („Verfilzbarkeit") sowie der verklebenden Wirkung der durch die Vorbehandlung mehr oder weniger veränderten Cellulosebegleiter zusammen. Je nachdem, in welcher Weise das Material beansprucht wird, wird diesen drei Faktoren eine verschiedene Bedeutung zukommen, ebenso die Art der Messung.
[3] *M. Lüdtke*, A. 466, 27, 1928.
[4] *K. Freudenberg, H. Zocher, W. Dürr*, B. **62**, 1820, 1929.

wie die Autoren meinen, ein Durcheinander von stabartigen Elementen dar, deren Enden bis in die Sekundärlamelle hineinragen, sondern sie sind durch die Mittellamelle und das Hautsystem der Sekundärlamelle gegeben. Andernfalls wäre das Hervorrufen der Chlorzink-Jodreaktion durch Druck auf die Zellen (siehe Abschnitt 2 und Abb. 7), wobei die Häute zerreißen oder zerspringen, nicht erklärlich. Auch besteht für die Mittellamelle in morphologischer Beziehung durchaus die Möglichkeit der Nichteinheitlichkeit.

Die von *Ritter* und von *Freudenberg* als Lignin der Sekundärlamelle angesprochene Substanz bleibt also beim Aufschluß innerhalb der Faser. Sie ist in Beziehung auf ihre Eigenschaften nicht identisch mit dem oxydablen und auflösbaren Lignin, sondern eine Fremdsubstanz, die lediglich einige Eigenschaften mit ersterem gemeinsam hat und mit jener Substanz übereinstimmt, die vom Verfasser auf und in der Sekundärlamelle der Zellwand entdeckt und in Gestaltung und Eigenschaften früher beschrieben wurde[1]. Ihre Menge beträgt für Weizenzellstoff bei Zugrundelegung eines Molekülgewichts von etwa 200 für eine Carboxylgruppe (siehe Versuche) 2,48 % der Zellstofftrockensubstanz[2], aber nicht 25 % der gesamten Ligninmenge, wie *Ritter* angibt. Das eigentliche Lignin ist auf die Mittellamelle beschränkt und der Ort der Celluloseablagerung ist die Sekundärlamelle. Die Primärlamelle ist nur eine ganz dünne Haut, die weder Cellulose birgt, noch aus Lignin besteht, vielmehr ganz und gar aus der Fremdsubstanz aufgebaut ist.

Nach *E. Schmidt* und Mitarbeitern[3] ist die Cellulose zwar nicht direkt chemisch an das Lignin gebunden, wohl aber durch Vermittlung einer Zwischensubstanz, die eine Polyglucuronsäure darstellt. Der Nachweis stützt sich darauf, daß der mit Chlordioxyd gewonnene Zellstoff (oder die Skelettsubstanz nach *Schmidt*) sauren Charakter hat, und da *Schmidt* und *Vocke*[4] in einer früheren Arbeit bei Algen Glucuronsäure als sauren Bestandteil fanden, glauben sie sich berechtigt, auch hier diese Säure annehmen zu dürfen. Die Säuregruppen sollen durch Abspaltung des Lignins, mit dem sie verestert waren, entstanden sein. Eine andere Gruppe der Polyglucuronsäure haftet an der Cellulose. Der Chlordioxydaufschluß übt nach *Schmidt* und Mitarbeitern[3] keinen

---

[1] *M. Lüdtke*, A. 466, 27, 1928; Melliand Textilber. 10, 465, 525, 1929; Papier-Fabrikant 28, 129, 1930.

[2] Legt man das von *Beckmann* u. *Liesche* (diese Zeitschr. 121, 203, 1921) angegebene Äquivalentgewicht von etwa 382 für eine Carboxylgruppe des Lignins zugrunde, so erhöht sich der Wert entsprechend.

[3] *E. Schmidt, W. Haag, L. Sperling*, B. 58, 1394, 1925; *E. Schmidt, K. Meinel, E. Zintl*, B. 60, 503, 1927; *E. Schmidt, K. Meinel, K. Nevros, W. Jandebeur*, Cellulosechemie 11, 49, 1930.

[4] *E. Schmidt, F. Vocke*, B. 59, 1585, 1926.

Einfluß auf die chemische Konstitution der Säure und der Cellulose aus, weshalb die Autoren für ihr Produkt die Bezeichnung Skelettsubstanz wählen — im Gegensatz zu anderen Produkten, die infolge der Veränderung, die sie beim Aufschluß erlitten haben, als Zellstoff oder Rohfaser bezeichnet werden.

Die Angaben von *Schmidt* und Mitarbeitern stehen also in chemischer wie morphologischer Beziehung im Gegensatz zu den hier und früher vom Verfasser gemachten Darlegungen über Cellulose und Lignin, sie waren deshalb nachzuprüfen, um Klarheit über die Diskrepanzen zu schaffen, und es ist folgendes festgestellt worden:

Das Chlordioxyd ist kein spezifisch wirkendes Reagens. Es oxydiert genau so wie z. B. Chlorwasser die Substanz des Hautsystems während des Aufschlusses, wobei Säuregruppen entstehen. Es findet demnach keine Entesterung statt, sondern Oxydation. Der Beweis für das Vorhandensein von Polyglucuronsäuren, der lediglich auf einem Analogieschluß mit den Uronsäuren von anderen Pflanzen beruht, genügt nicht. Was die Autoren als Polyglucuronsäuren titrieren, ist die durch die Aufschlußmittel sauer gewordene Substanz des Hautsystems. Ob sie in nativer Form ganz oder zum Teil aus Uronsäuren aufgebaut ist, bedarf noch des Nachweises. Die Säure wird nicht durch Basen wie 0,04%iges bis 0,2%iges Alkali entfernt. Sie wird vielmehr durch Metallhydroxyde, basisch wirkende Substanzen oder Ammoniak neutralisiert. Mit schwachen Säuren behandelt und ausgewaschen wird der Substanz der saure Charakter wiedergegeben. Ob die Membran sauer oder neutral reagiert, hängt also davon ab, welches Mittel den Aufschluß beendete.

Aus dem Gesagten ergibt sich, daß eine chemische Bindung zwischen Lignin und Cellulose auch durch Vermittlung einer Polyglucuronsäure nicht in Frage kommen kann. Man sollte daher auch nicht von einer Konstitutionsermittlung des Holzes[1] sprechen.

7. *Der Aufbau der verholzten Zellwand.*

Nachdem die Widersprüche mit den von anderer Seite geäußerten Ansichten eine Klärung erfahren haben, kann folgendes Bild vom Bau des verholzten Gewebes, insonderheit vom Bau der verholzten Faser, in chemischer und morphologischer Beziehung gegeben werden:

Das in der Mittellamelle verholzter Gewebe abgelagerte Lignin ist auf diese beschränkt. Es durchwächst nicht die benachbarte Primär- und Sekundärlamelle. Wenn diese Ansicht bisher in weiten Kreisen herrschte, so beruht das darauf, daß der Begriff des Lignins nicht eindeutig ist und

---

[1] *E. Schmidt*, Verein d. Zellstoff- u. Papier-Chemiker u. -Ingenieure. Jahresber. 1928, S. 27.

daß es Substanzen gibt, denen ebenfalls einige der zu seiner Identifizierung gebrauchten Farbreaktionen zukommen. Zu diesen Substanzen gehört die des Hautsystems der Sekundärlamelle. Sie hat mit dem Lignin weiterhin die leichte Oxydierbarkeit durch Chlor, Chlordioxyd und ammoniakalisches Wasserstoff-Peroxyd gemeinsam, läßt sich aber nicht durch nachfolgende Behandlung mit Basen oder basisch reagierenden Salzen herauslösen. Während das Lignin bzw. die Ligninsäure z. B. in Form des Alkalisalzes leicht wasserlöslich und demgemäß entfernbar ist, bleibt das Salz der Hautsubstanz auf und in der Zellwand erhalten. Seine Farbe ist nicht dunkelbraun wie die des Ligninsalzes, sondern nur schwach gelb.

Diese Substanz bildet nicht nur die Primärlamelle sondern auch die Querelemente und die übrigen Innenhäute, wie aus Längs- und Querschnitten hervorgeht, und diese Tatsache zusammen mit dem eigenartigen Bau dieser Elemente und ihr Verhalten beim Querschnitt bringen es mit sich, daß auch auf diesem die Cellulose nicht offen zutage liegt, sondern von der Substanz des Häutchens verdeckt wird.

Die in der Sekundärlamelle abgelagerte Cellulose und die übrigen polymeren Kohlenhydrate sind also von einem ganzen System einer wandartig ausgebildeten Fremdsubstanz durchzogen, und die Schicht-, Streifen- und wahrscheinlich auch Fibrillenbildung ist auf ihre Anwesenheit zurückzuführen. Reine Cellulosefibrillen durchziehen also niemals die ganze Faser. Nicht die Cellulose ist das zusammenhaltende Element in der Faser, eher ist es diese Substanz. Aber es wäre auch falsch, die hohe Reißfestigkeit der Faser allein auf ihr Vorhandensein zurückführen zu wollen. Richtig ist vielmehr, daß es das System von Baustoffen und Bauweise als Ganzes ist, das die außerordentliche Festigkeit bedingt. In diesem Zusammenhang muß auf die Möglichkeit hingewiesen werden, durch Zusatz dieser Substanz zur Kunstseide geringere Quellbarkeit und höhere Festigkeit zu erzielen, da sich die verleimende Wirkung auch in diesem Falle günstig auswirken dürfte. Da wir zurzeit aber über Isolierung und chemischen Charakter nur wenig aussagen können, werden zunächst Versuche mit Kutin und synthetischen Produkten vorzuschlagen sein. Im nativen Zustand hat die Hautsubstanz die Eigenschaft, den Zutritt vieler Reagenzien zu der Cellulose zu verhindern. So wird es verständlich, daß Chlorzinkjod auf Längs- und Querschnitten kaum Blaufärbung hervorruft, und daß Kupferoxydammoniak die Kohlenhydrate nur höchst unvollkommen herauslöst.

Anders verhält sie sich als Säure. In diesem Zustand gehen ihr wie auch dem Lignin die „Lignin"-Farbreaktionen ab; auch wird sie jetzt für Chlorzinkjod und Kupferoxydammoniak durchlässig. Das große Molekül der Kupfercellulose vermag jedoch nicht nach außen zu permeieren, und da die Primärlamelle große Dehnbarkeit besitzt, wird die Faser perlschnurartig aufgetrieben.

Es ist klar, daß Permeabilitätsverhältnisse als auch saurer Charakter großen Einfluß auf die Farbstoff-Aufnahme haben müssen, und es wird von Nutzen sein, die Vorbehandlung der Textilfaser im Hinblick auf die hier geschilderten substantiellen und morphologischen Verhältnisse zu studieren.

Da sich in den letzten Jahren immer deutlicher gezeigt hat, daß die makroskopische Form polymerer Naturstoffe schon im Molekül angelegt ist, werden wir für die Substanz des Hautsystems ein flächenhaft ausgebildetes Molekül fordern müssen, das scheinbar dem des Lignins näher steht als dem der Kohlenhydrate[1].

Man hat also in Zukunft bei der Untersuchung pflanzlicher Gewebe zwischen der Reaktion der Hautsubstanz und der des Lignins zu unterscheiden, denn es könnte wohl sein, daß erstere Substanz nicht vom Lignin begleitet wird, sondern von einer anderen Mittellamellensubstanz, etwa dem Pektin oder auch umgekehrt. In der Membran von Pflanzenhaaren, z. B. der Baumwolle, hat die Hautsubstanz anderen chemischen Charakter, sie gibt weder mit wässeriger noch mit alkoholischer Phloroglucinsalzsäure[2] eine Farbreaktion. Es kann daher wohl sein, daß auch in Gewebezellen noch andere Substanzen zum Aufbau des Hautsystems verwendet werden als die hier beschriebene.

In den Kammern dieses Hautsystems sind nun die polymeren Kohlenhydrate, in erster Linie also die Cellulose, abgelagert. Hierdurch wird ersichtlich, daß chemische Bindung zwischen Cellulose und Lignin nicht in Frage kommen kann, da beide Komponenten getrennte Lagerung aufweisen. Auch eine indirekte Bindung durch eine vermittelnde Substanz ist abzulehnen. Die Zellwand ist kein einheitliches Gebilde, aus einer Molekülart bestehend, sie verdankt ihre besonderen Eigenschaften in Bau und Form organisiert gelagerten Substanzen, die sich durch die einzelnen Pflanzenfamilien hindurch differenzieren, mit zunehmendem Alter Veränderungen unterworfen und auch gegenüber Ernährung[3] und Außenfaktoren nicht unbeeinflußbar sind. Sie unterscheiden sich hierin grundsätzlich von den kristallisierten faserartigen Gebilden anorganischer oder organischer Materie, und durch diesen Umstand haben wir die Möglichkeit, den Pflanzen Zellstoff und Cellulose in größerer Menge oder besserer Qualität anzuzüchten.

---

[1] Anmerkung bei der Korrektur. Wie *Hess* und Mitarbeiter soeben berichten (B. **64**, 408, 1931) haben aufgeschlossene Ramiefasern noch einen geringen Methoxylgehalt, der einer Substanz des Faserlumens zukommen soll. Verfasser ist eher geneigt, ihn der Hautsubstanz zuzusprechen.

[2] *M. Lüdtke*, A. **466**, 27, 1928.

[3] *Derselbe*, Papierfabrikant **28**, 129, 1930.

8. Versuche.

1. Extraktion von „Mehlstoff", Holzschliff und Sägemehl mit Kupferoxydammoniak.

Von dem entharzten Mehlstoff, der im Mörser eine weitere Zerkleinerung erfahren hatte, blieben 0,88 g = 0,823 g trockene Substanz mit 1 g Kupferhydroxyd und 100 ccm 25%igem Ammoniak gut verschlossen zwei Tage im Dunkeln stehen (unter gelegentlichem Umschütteln). Rückstand abzentrifugiert und dreimal mit je 30 ccm gesättigter Kupferoxydammoniaklösung ausgewaschen. Die Kupferoxydammoniaklösungen vereinigt und unter Kühlung mit 50%iger Essigsäure leicht angesäuert. Ausfall abgeschleudert, mit 5%iger Essigsäure kupferfrei gewaschen, Essigsäure durch Methylalkohol entfernt, diesen durch Äther. Ausbeute: 0,1742 g = 21,16%. Aus der sauren Kupferlösung flockte auf Zusatz von Alkohol noch eine geringe Menge einer Hemicellulose aus. 0,0648 g Kohlenhydrat, 0,1 g Kupferhydroxyd und 10 ccm 25%iges Ammoniak zeigen einen Drehwert im 5 cm-Rohr von $-3,10^0$ (reine Cellulose dreht unter gleichen Bedingungen $-3,27^0$). Die mikroskopische Betrachtung der isolierten Cellulose zeigt starke dunkelviolette Anfärbung mit Chlorzinkjod; der Rückstand zeigte die Färbung bedeutend schwächer.

0,8777 g trockener Holzschliff aus Fichtenholz wurde in analoger Weise mit 100 ccm 25%igem Ammoniak und 1 g Kupferhydroxyd behandelt. Ausbeute 0,0904 g Kohlenhydrat = 10,3%.

0,8072 g Sägemehl (trocken berechnet) von Fichtenholz erfährt die gleiche Behandlung. Ausbeute 0,0284 g Kohlenhydrate = 3,52%.

2. Titration der Hautsubstanz des Weizenzellstoffes.

1,0640 g feuchter = 0,9431 g trockener Zellstoff aus alten Weizenhalmen wurde mit 10,12 ccm n/10 Natronlauge übergossen und blieb mit 20 ccm Wasser verdünnt eine halbe Stunde stehen. Nach Zusatz von einem Tropfen Methylrot wurde die unverbrauchte Laugenmenge mit n/10 Schwefelsäure zurücktitriert. Es waren 8,95 ccm Säure nötig. Hieraus ergibt sich ein Verbrauch von 1,17 ccm Lauge. Nimmt man beispielshalber das Molgewicht des Anteils einer Säuregruppe in der Fremdsubstanz zu 200, so ergibt sich ihre Menge zu 2,48% der Gesamtzellstoff-Substanz. Der mit Lauge behandelte Zellstoff reagiert nach Auswaschen mit Wasser neutral. Nach Entfernen des Natriums durch n/10 Salzsäure und Auswaschen reagiert die Substanz wieder wie zu Anfang sauer. Neutralisation und Titration lassen sich erneut durchführen. Der Verbrauch an n/10 Lauge betrug jetzt 1,00 ccm. Mag die Titration in dieser Form auch Mängel haben, so zeigt sie doch ganz deutlich den sauren Charakter des Zellstoffes und die Tatsache, daß die ihn bedingende Substanz durch Behandeln mit 0,04- bis 0,2%iger Lauge nicht entfernt wird. Die Quellungsanalyse in Kupferoxydammoniak ist so deutlich wie zuvor. Gewicht der Fasermenge nach der Operation: 0,9278 g. Der geringe Verlust von 15,3 mg = 1,62% betrifft hemicelluloseartige Körper.

0,7546 g trockener Zellstoff wurden mit 25%igem Ammoniakwasser übergossen und nach einer halben Stunde mit Wasser völlig ausgewaschen. Das Produkt reagiert jetzt gegen Lackmus neutral. Nach dem Trocknen im Vakuum (20^0, P_2O_5) verbrauchte es 7,06 ccm n/70 Schwefelsäure (Mikrokjeldahl). Der Zellstoff würde also, auf obige 0,9431 g berechnet, 1,26 ccm n/10 Ammoniaklösung zu seiner Neutralisation benötigt haben. Die verschiedenen Resultate stimmen nahezu überein. Auf der Bestimmung des Stickstoffs läßt sich also ein genaues Verfahren zur Ermittlung der Menge Fremdsubstanz in der Faser gründen, vorausgesetzt, daß die Zellsubstanz durch einen milden, oxydativen Aufschluß gewonnen wurde.

II. Über die Bildung polymerer Kohlenhydrate im Pflanzenorganismus und die hierbei auftretenden Zwischenprodukte.

1. Vorbemerkung.

Entstehung der Zellwand. Von der ganzen Kette ursächlicher Zusammenhänge, die zur Bildung der Zellwand und damit ihrer einzelnen stofflichen Komponenten führen, soll hier nur das Substanzproblem eine Bearbeitung erfahren.

Während nach den älteren Ansichten über die Bildung der Zellwand der Zellkern als derjenige Teil der Zelle zu betrachten ist, von dem diese Bildung angeregt und im Verein mit dem Cytoplasma durchgeführt wird[1], derart, daß eine direkte Verbindung, ein Kontakt von Plasma und Wand zum Wachsen und zur Ausbildung spezifischer Strukturen nötig ist, zeigte *Fitting*[2], daß die Zellwand auch wachsen kann, ohne daß eine direkte Berührung mit dem Plasma stattfand. Es genügt durchaus, daß der Zwischenraum mit einer Flüssigkeit gefüllt ist und Kern und Wand sich nur indirekt berühren. Nach anderen Autoren[3] sollen auch vom Kern abgetrenntes Plasma und kernlose Zellen Wandstoffe bilden können. Dagegen kann *E. Strasburger* in einer umfassenden Arbeit[4] die Beobachtung *Fittings* nur bestätigen und er kommt zu dem Schluß, daß auch bei plasmolysierten Zellen das Plasma seinen bestimmenden Einfluß auf die Ausgestaltung der Zellwand behält. Dieser Einfluß geht auch aus älteren Arbeiten hervor, nach denen der Zellkern fast immer dort gelagert ist, wo stärkstes Wandwachstum festgestellt werden kann[5].

Nach *Klemm*[6] hat sich vom Abend bis zum nächsten Morgen eine Membran bereits abgeschieden (Derbesia); nach ein bis zwei Tagen hatte sie einige Mächtigkeit erlangt.

Verschiedene Ansichten bestehen hinsichtlich der Art und Weise, in der die Wandsubstanz durch die Protoplasten abgeschieden wird. Die alten Hypothesen[7], wonach die „Cellulose" direkt aus dem Plasma abgesondert werden soll oder dieses eine chemische Umwandlung in Zellwandsubstanz erfährt oder schließlich die Plasmahaut eine ebensolche Umwandlung durchmacht, können uns heute nicht mehr viel bieten.

---

[1] Die älteren Anschauungen finden sich zusammenfassend dargelegt bei *E. Strasburger*, Jahrb. wissenschaftl. Botanik 31, 511, 1898.
[2] *H. Fitting*, Botanische Ztg. 58, 107, 1900.
[3] *E. Palla*, Ber. d. deutschen bot. Ges. 24, 408, 1906; *C. Aqua*, Anali di bot. 8, 43, 1910; *C. van Wisselingh*, Bot. Jahrboek Dodonaea 1907, S. 61.
[4] *E. Strasburger*, Flora 97, 180ff., 1907.
[5] Siehe *G. Haberlandt*, Sitzungsberichte Wiener Akad. der Wissensch. 98, Bd. I, S. 190, 1889 und die dort zitierten Arbeiten von *Krabbe*, *Klebs* und *Noll*.
[6] *P. Klemm*, Flora 78, 19, 1894.
[7] Sie sind bei *Tischler*, Biolog. Zentralbl. 21, 247, 1901 zusammengestellt.

Mehr Beachtung verdienen die Ausführungen von *Dippel*[1], der dem Plasma sekundäre Beteiligung erteilt und die ihm zugeführten einfachen Kohlenhydrate als Baumaterial der Wandstoffe anspricht. Dieser Ansicht wird man auch heute noch beipflichten können, um so mehr, als bekannt ist, daß die hautbildenden Zellen häufig Stärke führen[2] und diese sich bei der Wandbildung in ihrer Menge verringert. Auch auf die Angabe von *Fitting*[3] ist hinzuweisen, daß die Lösung, die sich bei Pollenzellen zwischen Plasma und Wand fand, das Material zum Aufbau der Zellwand liefere.

Zur Frage, mit welchen Mitteln die Zelle sich ihre Wand aufbaut, liegen Angaben nicht vor. Nur bei *Strasburger*[4] findet sich die kurze Notiz, daß hierfür vielleicht Fermente in Frage kommen.

Die Bildung der Cellulose. Man hat in den älteren Arbeiten oft die gesamten Zellwand-Kohlenhydrate als Cellulose angesprochen und sich damit begnügt, die Chlorzinkjod- oder Jodschwefelsäure-Reaktion, die Nichtauflösbarkeit in Eau de Javelle und die Löslichkeit in Kupferoxydammoniak als bündigen Beweis für deren Vorliegen anzusehen. Diese Reaktionen genügen aber sämtlich nicht zu einem exakten Nachweis. Obgleich es einigen älteren Autoren bereits zweifelhaft war, daß die Violettfärbung mit Chlorzinkjod nur der Cellulose zukäme[5], konnte der sichere Nachweis, daß diese Reaktion auch anderen Zellwand-Kohlenhydraten eigen ist, erst vom Verfasser am Mannan B und Xylan B erbracht werden[6].

Wenn man nun nach den Substanzen fragt, aus denen die Cellulose aufgebaut wird, so gibt die bisherige Forschung hierüber keine Antwort. Bei Durchsicht der Literatur fällt auf, daß die Stärkereserve mit zunehmendem Wachstum in den Zellen zurückgeht und schließlich ganz verschwindet. Wir gehen wohl nicht fehl in der Annahme, daß sie am Aufbau der Cellulose in hohem Maße beteiligt ist; nicht als solche, sondern in Form des einfachsten Zuckers, der Glucose. Da die Cellulosebildung, soweit sich erkennen läßt, ein kontinuierlicher Vorgang ist, der auch nachts stattfindet, die Assimilation und Produktion der Stärke aber an Tageslicht gebunden sind, so muß ein Vorrat an Zucker vorhanden sein, andernfalls die Zuckermenge der Zellen, die aus osmotischen Gründen nur in bestimmten Grenzen liegen kann, den Bedarf zur Zeit des Assimilationsstillstandes nicht zu decken vermag. Cellulose wäre also in weiterem Sinne ein direktes Produkt der Assimilation. Sind die bisherigen Angaben schon hypothetisch, so wissen wir über den weiteren Vorgang, wie und mit welchen Mitteln die Synthese zur Cellulose durchgeführt wird, gar nichts.

Von *Ziegenspeck*[7] sind vor einigen Jahren unter dem Namen Amyloid Substanzen beschrieben worden, die als Zwischenprodukte der Cellulosebildung bezeichnet werden. Sie sind in der Wand der Siebröhren von

---

[1] *L. Dippel*, Abhandlg. der Naturforschenden Gesellschaft Halle **10**, 62, 1868.

[2] *L. Dippel*, l. c.; *G. Tischler*, l. c.; *E. Strasburger* l. c.

[3] *H. Fitting*, Bot. Ztg. **58**, 107, 1900.

[4] *E. Strasburger*, Flora **97**, 180 ff., 1907.

[5] *E. Schulze*, H. **16**, 411, 1892; *J. Grüss*, Botanisches Zentralbl. **70**, 242, 1897; *H. Fitting*, Bot. Ztg. **58**, 109, 1900.

[6] *M. Lüdtke*, A. **456**, 201, 1927; A. **466**, 27, 1928; *K. Hess, M. Lüdtke, H. Rein*, A. **466**, 58, 1928.

[7] *H. Ziegenspeck*, Ber. d. deutsch. bot. Ges. **37**, 273, 1919; **38**, 328, 1920; Botanisches Archiv **9**, 321, 1925.

Lycopodium clavatum und anderen Bärlappgewächsen und außerdem in Interzellularräumen gefunden worden. Jodjodkalium färbt sie blau. Versuche, reduzierenden Zucker nachzuweisen, gelangen nicht; ebensowenig konnte Osazonbildung beobachtet werden. Obwohl also weder der Lagerort mit dem der Cellulose übereinstimmt, noch chemische Reaktionen oder Analysen vorliegen, glaubt sich der Autor berechtigt, die Versuchshypothese aufstellen zu können, daß es sich hier um Zwischenprodukte der Cellulosebildung handele. Wir vermögen ihm darin nicht zu folgen.

Die zur Frage der Bildung der Cellulose gemachten Vorbehalte gelten in gleichem und höherem Maße für die übrigen Hexosane, soweit sie Zellwandkomponenten sind.

Die Bildung der Xylane. Etwas reichhaltiger ist das Material, das über die Bildung der Xylane vorliegt.

Hier ist zunächst die Hypothese zu erwähnen, daß das Xylan sich aus der Cellulose durch Oxydation gebildet haben soll[1]. Es ist aber nicht einzusehen, warum die Pflanze einen hochwertigen Stoff, den sie notwendig braucht, abbaut, um einen anderen daraus zu formen. Denn dieser Abbau müßte, da wir ja die Cellulose als ein aus vielen β-4-Glucosido-Glucoseresten aufgebautes Produkt ansehen, sich auf das endständige Kohlenstoffatom beziehen, wenn kein vollständiger Umbau statthaben soll, der wieder aus physiologischen Gründen nicht anzunehmen ist. Auch wäre in solchem Falle das Vorhandensein von polymeren Verbindungen anzunehmen, die Glucose- und Xylosereste in *einem* Molekül beherbergen. Nun sind zwar in der älteren Literatur zahlreiche Körper beschrieben[2], die bei der Hydrolyse zwei oder noch mehr Monosaccharide ergeben sollen. Es hat sich aber gezeigt, daß diese Körper bei Anwendung vervollkommneter Methoden in solche aufteilbar waren, die nur aus einem einfachen Zucker bestanden[3]. Neuerdings schließen sich dieser alten Ansicht von *Tollens* auch *Hampton*, *Haworth* und *Hirst*[4] an. Sie sehen im Xylan Ketten von pyroider β-Xylose.

Es ist auch die Bildung der Xylane durch Assimilation in Erwähnung gezogen worden. Eine solche Annahme ist aber durch nichts begründet. Denn wie *de Chalmot* zeigte, nimmt der Pentosengehalt im Laufe des Tages nicht zu. Auch finden wir in den Pflanzensäften nur eine sehr geringe Menge freier Pentosen. Hiermit in Übereinstimmung befindet sich die Feststellung des gleichen Forschers, daß Pentosen bzw. Pentosane zuweilen auch im Dunkeln gebildet werden.

Wenn man bei all diesen Angaben auch stets beachten muß, daß die Bestimmung durch Furfuroldestillation erfolgte, die Werte also alle Pentosen und Uronsäuren umfassen, so kann man für die Getreidearten unter Berücksichtigung, daß diese von Arabinose und Uronsäuren nur sehr geringe Mengen enthalten, doch sagen, daß sie für allgemeine Aussagen brauchbar sein werden.

---

[1] *B. Tollens*, Journal für Landwirtschaft **44**, 171, 1896.
[2] Siehe z. B. *E. Schulze*, B. **24**, 2277, 1831; *Winterstein*, H. **17**, 381, 1892; *B. Tollens*, *E. Schulze*, A. **271**, 55, 1892; *G. Bertrand*, C. r. **129**, 1025, 1899; *G. Bertrand*, *J. Labarre*, Bl. (4) **43**, 311, 1928; *E. C. Sherrard*, *G. W. Blanco*, Journ. Amer. Chem. Soc. **45**, 1008, 1923.
[3] *M. Lüdtke*, A. **456**, 201, 1927; A. **466**, 27, 1928; *K. Hess*, *M. Lüdtke*, A. **466**, 18, 1928.
[4] *H. A. Hampton*, *W. N. Haworth*, *E. L. Hirst*, Soc. 1929, S. 1739.

Von *Cross*, *Bevan* und *Beadle* stammt der Hinweis[1], daß Hexosen nach erfolgter Oxydation Furfurol abspalten. Es stammt aus Uronsäuren, in welche Hexosen und auch Hexosane[2] durch Oxydation übergehen können. Tatsächlich haben *Salkowski* und *Neuberg*[3] an einer wohldefinierten Uronsäure, der Glukuronsäure die Dekarboxylierung zum 5-Kohlenstoffzucker durchgeführt. Diese Reaktion zeigt einen Weg (worauf schon *de Chalmot* hinweist), wie die Pentosen des Pflanzenorganismus entstanden sein können. Man wird hinzufügen können, daß die Stärke auch in diesem Falle das hexoseliefernde Material sein dürfte. Nach *Stoklasa*[4] ist es die Saccharose, aus der sich Pentosen und Pentosane bilden. Der weitere Aufbau wird dann durch Polymerisation wie bei der Cellulose vor sich gehen.

2. Nachweis und Isolierung von Zwischenprodukten der Cellulose- und Xylanbildung.

Betrachtet man das vorliegende Material und sucht eine Verbindung zu unseren heutigen Ansichten vom Bau der polymeren Kohlenhydrate herzustellen, so muß diese notwendigerweise über Zwischenprodukte gehen, die in ihrer Molekülgröße zwischen den einfachen Zuckern und den Hochpolymeren liegen. Diese Stoffe müssen naturgemäß in den Geweben zu finden sein, die noch im Aufbau begriffen sind, also in jungen Pflanzen. Und zwar sind solche zu wählen, die bei starker Cellulose- und Xylanausbildung ihren Endzustand möglichst bald erreichen. Das ist bei den Grammineen der Fall, die in wenigen Monaten etwa 60 % ihrer Trockensubstanz an diesen Kohlenhydraten produzieren.

Von diesen Überlegungen ausgehend, wurden zunächst die Veränderungen festgestellt, denen ein pflanzlicher Organismus mit zunehmendem Alter in stofflicher Beziehung ausgesetzt ist. Als Versuchsobjekt dienten Weizen (Triticum vulgare) und Gerste (Hordeum sativum). Die Tabellen V und VI zeigen die Wandlungen einiger Stoffe während des Wachstums.

Der Wassergehalt des Halmes nimmt mit dem Alter ab. Ebenso erfahren Asche und Stickstoffmenge eine ständige Verminderung. Kontinuierliche Zunahme lassen dagegen der Xylangehalt, der Rohfasergehalt, der ungefähr den Cellulosewert wiedergibt, und das Lignin erkennen. Das Kutin erfährt in Anbetracht der geringer werdenden Oberfläche eine Verminderung. Man wird bei Betrachtung dieser Zahlen jene älteren Ansichten, die eine Umwandlung von Xylan in Lignin oder Cellulose annehmen, aus physiologischen Gründen ablehnen müssen. Denn es ist nicht einzusehen, warum eine Pflanze einen hochwertigen

---

[1] C. F. *Cross*, C. J. *Bevan*, Cl. *Beadle*, B. **26**, 2520, 1893; G. de *Chalmot*, Am. Chem. Journ. **16**, 218, 1894.

[2] L. *Kalb*, F. v. *Falkenhausen*, B. **60**, 2514, 1927.

[3] E. *Salkowski*, C. *Neuberg*, H. **36**, 261, 1902; **37**, 464, 1903.

[4] J. *Stoklasa*, Zeitschr. Zuckerindustrie Böhmen 23, 291, 387, 1899 (Justs. Bot. Jahresb. 27, II, 181, 1899).

Aufbau und Bildung der pflanzlichen Zellmembran.

Tabelle V.

Sommergerste (Hordeum sativum). Veränderungen einiger Stoffe während des Wachstums[1]. Sämtliche Zahlen auf trockene Substanz berechnet.

Datum		Trocken-gehalt %	Asche %	Stick-stoff %	Pento-sane %	Roh-faser %	Lignin %	Kutin %
3. V.		13,16	8,57	5,98	9,14	14,52	9,69	2,34
2. VI.		15,21	6,81	2.95	18,14	25,76	25.50	2,23
25. VI.	Halm	23.96	8.76	1,55	22,76	34,47	26.63	2,00
	Ähre	34,88	5,99	1,82	19,36	15,70	24,04	0,56
Reif 25. VII.	Halm	90,78	6.13	0,57	25,24	48,24	31,16	0,61
	Ähre	88,94	4,23	1,76	14,15	10,07	15,27	0,41

Tabelle VI.

Sommerweizen (Triticum vulgare). Veränderung in der Zusammensetzung während des Wachstums[1]. Sämtliche Zahlen auf trockene Substanz berechnet.

Datum		Trocken-gehalt %	Asche %	Stick-stoff %	Pento-sane %	Roh-faser %	Lignin %	Kutin %
21. V.		12,76	9,95	6,08	11,16	19,13	20,78	3,58
2. VI.							25,71	1,77
25. VI. kurz vor den Schossen		18,71	6,15	1,71	18,36	34,42	32,38	1,85
25. VII.	Halm	87,0	7,06	1,22	22,59	34,65	29,58	0,66
	Ähre	80,63	5,04	2,05	15,96	12,43	15,48	1,16
Reif 13. VIII.	Halm	90,71	6,72	0,49	25,44	47,30	30,72	0,42
	Ähre	88,58	4,20	1,52	14,03	11,07	16,81	0,39

polymeren Stoff erzeugt, um hinterher an ihm einen Abbau und Umbau zu einem anderen vorzunehmen.

Eine weitere Einsicht in die Verhältnisse der Kohlenhydratsynthese bringt die Untersuchung des Zellstoffes von jungem Gewebe. Bei Gelegenheit der Analyse verschieden ernährter Weizenpflanzen[2] war aufgefallen, daß vier Wochen alte Schößlinge einen Zellstoff lieferten, der einen sehr geringen Drehwert in Kupferoxydammoniak besaß. Beispielsweise ließ sich für ein solches Produkt ein Wert von $-2,35^0$ ermitteln. Da Cellulose unter gleichen Bedingungen einen Wert von $-3,27^0$ zeigt und Xylane einen solchen von $-4,50^0$ bis $-4,80^0$ zu haben pflegen[3], so sollte der Wert für den gesamten Zellstoff auch bei Berücksichtigung der geringen Menge Kutin, die ungelöst bleibt und daher am Drehwert nicht beteiligt ist, zwischen den beiden letzt-

---
[1] Über die Ausführungen der Bestimmungen siehe unter Versuche.
[2] M. *Lüdtke*, Papierfabrikant **28**, 129, 1930.
[3] M. *Lüdtke*, A. **466**, 27, 1928.

genannten Werten liegen. Der viel geringere Wert weist darauf hin, daß neben den beiden Substanzen in jungen Pflanzen noch andere vorhanden sein müssen. Über Natur und Menge dieser Substanzen macht Tabelle VII einige Angaben.

Tabelle VII.
Aufteilung des Zellstoffs aus alten und jungen Weizenpflanzen durch Natronlauge (siehe auch unter „Versuche").

Aus 100 g trockenem Zellstoff erhält man:

	Alte Pflanzen g	Junge Pflanzen g
In Alkohol löslicher Anteil	1,32	5,43
Nach Entfetten durch 8%ige Natronlauge extrahierbar	36,81	56,96
In 8%iger Natronlauge nicht löslich	63,19	43,04
Von dem in 8%iger Natronlauge löslichen Anteil wurde wiedergewonnen:		
1. Fraktion	26,76	26,36
2. „	3,65	6,24
3. „	1,98	1,95
In Lösung verblieben	4,42	22,41

Je 100 g Zellstoff aus alten Weizenhalmen und jungen Pflanzen wurden unter gleichen Bedingungen mit Alkohol und 8 %iger Natronlauge ausgezogen. Aus der alkoholischen Lösung ließ sich teils durch Fällung mit Wasser, teils durch Abdunsten die angegebene Menge „Wachs und Fett" gewinnen. Sie ist bei jungen Pflanzen bedeutend höher. Ebenso ist auch der Anteil, der durch Natronlauge extrahierbaren Stoffe erheblich größer und dementsprechend die Cellulosemenge in jungen Pflanzen geringer. Man hat also im Zellstoff aus jungem Weizen einen weit höheren Gehalt an sogenannten Hemicellulosen. Von diesen ließ sich beim Zellstoff alter Pflanzen nahezu der gesamte in Lösung gegangene Anteil wieder ausfällen. Es blieben nur 4,42 % gelöst. Von den Hemicellulosen des Zellstoffs aus grünen Pflanzen blieben dagegen 22,4 % in Lösung. Hieraus geht also hervor, daß diese Stoffe im jungen Weizen auf anderer Entwicklungsstufe stehen oder eine andere Zusammensetzung aufweisen. Weitere Aussagen lassen sich aus der Bestimmung des Pentosangehalts und des polarimetrischen Wertes in Kupferoxydammoniak machen. Siehe Tabelle VIII.

Da eine Hydrolyse des Zellstoffs Arabinose und Uronsäure vermissen ließ, dürfen wir die Pentosane gleich Xylan setzen. Man sieht, daß der Xylangehalt alten Faserstoffs gegenüber dem aus jungen Pflanzen bedeutend höher ist. Auch liegt der polarimetrische Wert des ersteren zwischen $-3{,}27°$ und $-4{,}50°$, also den Werten für Cellulose und Xylan. Die Tabellen VII und VIII lehren, daß in jungem Zellstoff außer

Tabelle VIII.

Pentosangehalte und polarimetrische Werte der mit Natronlauge aus dem Zellstoff alter und junger Weizenpflanzen isolierten Produkte (siehe auch unter „Versuche").

	Alte Pflanzen	Junge Pflanzen
Xylangehalt im Zellstoff nach Alkoholextraktion	29,63 %	9,81 %
Xylangehalt des Faserrückstandes nach Alkalibehandlung	5,52 „	2,92 „
Xylangehalt der ersten Fraktion (siehe Tab. VII)	76,8 „	22,85 „
Drehwert in Kupferoxydammoniak		
1. Fraktion	—4,18°	—2,73°
2. „	—4,00°	—2,95°

der Cellulose und dem Xylan, welche die Hauptbestandteile des alten Materials ausmachen, noch eine oder mehrere Substanzen hemicelluloseartigen Charakters vorkommen müssen, die nicht Xylan sind und in Kupferoxydammoniak einen geringeren Drehwert zeigen als die Cellulose und das Xylan des ausgereiften Halmes. Außerdem unterscheidet sich das Xylan des jungen Halmes durch eine höhere Löslichkeit in Alkalien von dem alten Materials.

Aufklärung über die Zusammensetzung des unbekannten Stoffes bringt die Hydrolyse. Läßt man die Substanz der ersten Alkalifraktion (die übrigen wurden nicht weiter untersucht, da bei ihnen die Möglichkeit des Vorliegens einer geringen Menge Cellulose gegeben ist) drei Stunden in 75 %iger Schwefelsäure stehen, verdünnt dann und hydrolysiert in siedendem Wasserbad zu Ende, so läßt sich im Hydrolysat Glucose als Phenylosazon nachweisen. Ein Gärungsversuch zeigt vergärbaren Zucker an. Mannose ist abwesend; ebenso Fructose. Hiernach muß im Ausgangsmaterial ein Kohlenhydrat vorliegen, das aus Glucose aufgebaut ist.

Weiteren Einblick gestattet die Acetolyse. 1,5 g Substanz drei Wochen in einem Gemisch von Essigsäureanhydrid, Essigsäure und konzentrierter Schwefelsäure bei 26 bis 27° aufbewahrt, ergab 0,20 g Oktacetylcellobiose. Dieses Ergebnis deutet auf ein celluloseartiges Polysaccharid hin.

Ganz anders fallen Hydrolyse und Acetylose der ersten Fraktion aus dem Zellstoff alten Weizens aus. Hier ist weder Glucose noch Cellobiose nachweisbar.

Neben der Glucose läßt sich aus dem Hydrolysat der ersten Fraktion des Zellstoffs aus jungem Weizen noch Xylose isolieren. Die Summen beider Zucker ergänzen sich zu 100 %, so daß andere Substanzen in dem Hydrolysat nicht anwesend sein können.

Wir müssen also mit einem Glucan und einem Xylan rechnen oder, wenn man sich die Anschauung von *Tollens* zu eigen machen will, daß Xylan aus Cellulose entsteht, auch mit einem „Xyloglucan". Die Eigenschaften des letzteren sollten sich aus denen der Cellulose und des Xylans ergeben; je mehr Glucosegehalt das Produkt hat, desto ähnlicher sollte es also der Cellulose sein und umgekehrt.

Der Erörterung dieser Frage sei eine kurze Übersicht von einigen der gewonnenen Produkte vorausgeschickt (Tabelle IX). Zunächst wurde das Trockenpräparat der Alkalifraktion 1 des Zellstoffs aus jungen Weizenpflanzen mit 25 %igem Ammoniak ausgezogen, dann in Kupferoxydammoniak oder Alkali aufgenommen und aus den Lösungen durch verschiedene Mittel abgeschieden.

Präparat 1 stellt ein schon recht reines Glucan dar. Es wurde aus dem Ammoniakextrakt nach Zusatz von Alkohol erhalten. Vielleicht ist der Xylangehalt etwas zu hoch, da Hexosane bekanntlich Oxymethylfurfurol abspalten, das bei der angewandten Methode mitbestimmt wird.

Präparat 2 ist dadurch interessant, daß es in Kupferoxydammoniak durch Kompensation einen Drehwert gleich dem der Cellulose zeigt. Es stellt die Essigsäurefällung der Kupferamminlösung von Alkalifraktion 1 dar.

Präparat 3 ist der nach Abscheidung von Präparat 2 durch Zusatz von Methylalkohol zur Kupferlösung gewonnene Niederschlag.

Präparat 4 wurde aus 2 durch zweistündiges Digerieren mit 4 %iger Natronlauge und Fällen mit Essigsäure erhalten.

Tabelle IX.

Eigenschaften einiger Präparate von Intercellosen und Interxylanen (siehe Versuche).

	Chlorzinkjodreaktion	Löslichkeit in Natronlauge von 4 %	Xylangehalt %	Drehwert in Kupferammin
1. Ammoniakextraktion	Schwach rotblau, bald verschwindend	Löslich	10,12	— 2,50°
2. Aus Kupferammin durch Essigsäure gefällt	Dunkelblau	Zum Teil löslich	20,62	— 3,25
3. Aus 2 durch Alkoholzusatz	Blau. Substanz reagiert nur allmählich durch	Löslich	35,67	— 3,10
4. Aus 2 durch Extraktion mit 4 %iger Natronlauge	Allmählich rotbraun und violett werdend	Löslich	34,94	— 3,55
5. Rückstand von 4.	Dunkelblau	Partiell löslich je nach Trocknung u. Behandlung	2,00 (Oxymethylfurfurol enthaltend)	— 3,00

Präparat 5 stellt ein reines Glucan dar, das in seinem Bau zwischen Präparat 1 und Cellulose steht. Der geringe Xylangehalt, am Furfurolphloroglucid-Niederschlag gemessen, darf vernachlässigt werden, da er zum allergrößten Teil, wie schon an der Braunfärbung zu erkennen ist, aus Oxymethyl-furfurol-phloroglucid besteht. Das Präparat unterscheidet sich von der Cellulose durch partielle Löslichkeit in 4%iger Natronlauge, geringerem Drehwert in Kupferoxydammoniak und etwas schwächerer Chlorzinkjodreaktion.

Die Tatsache, daß es gelingt, aus dem Rohprodukt der hemicelluloseartigen Körper reines Glucan zu isolieren, und auch der Nachweis, daß Produkte mit geringem Xylangehalt (Präparat 1) nicht etwa der Cellulose näher stehen als andere mit höherem Xylangehalt, zeigen, daß die Ansicht von *Tollens* über die Bildung des Xylans aus Cellulose, der neuerdings auch *Hampton, Haworth* und *Hirst*[1] beigetreten sind, nicht zu Recht bestehen kann. Vielmehr muß aus dem Vorliegen mehrerer Glucane geschlossen werden, daß es sich um eine ganze Reihe von Substanzen, die in Aufbau begriffen sind, handelt, einem Aufbau, der parallel der Entwicklung der Pflanze geht und für bestimmte Entwicklungsstufen charakteristische Zustände in chemischer und physikalischer Beziehung hat. Es ist daher auch nicht anzunehmen, daß die einzelnen Glucane, die man auf die angegebene Weise erhält, einheitlich sind. Aus den polarimetrischen Werten der Präparate ist ersichtlich, daß auch neben dem Xylan B mit einem Drehwert von — 4,50° noch niedriger drehende Xylane vorhanden sein müssen. Auch von diesen Substanzen muß angenommen werden, daß sie sich wie die Cellulose aus einfachen Zuckern, letzten Endes aus Xylose aufbauen, und daß bestimmte Stufen in ihrem Aufbau mit bestimmten Entwicklungsstadien des Gewebes zusammenfallen.

Wir nennen diese Zwischenprodukte der Cellulose- und Xylanbildung Intercellosen und Interxylane. Sie müssen in allen wachsenden Organen, die später die erstgenannten Substanzen aufweisen, zu finden sein. Es ist möglich, daß die Intercellosen in wachsenden Baumwollhaaren oder sich bildender Bakteriencellulose leichter in reinerem Zustande und in größerer Ausbeute zu erhalten sind als in vorliegendem Falle, da bekanntlich gerade Cellulose und Xylan nicht ganz leicht voneinander zu trennende Bestandteile sind (siehe Bambus[2]). Wir werden durch vergleichende Untersuchung das Bild dieser Körper zu erweitern suchen.

Allen diesen Zwischenprodukten, die zusammen als Intersaccharane bezeichnet seien, ist gemeinsam, daß sie keine oder schwächere Chlor-

---

[1] *A. H. Hampton, W. N. Haworth, G. L. Hirst*, Soc. 1929. S. 1739.
[2] *M. Lüdtke*, A. **466**, 27, 1928.

zinkjodreaktion geben, leichter löslich sind und einen geringeren Drehwert zeigen als ihre Endprodukte.

Man muß solche Intermediärstoffe auch für alle anderen polymeren Substanzen fordern. Es müssen also auch Intermannane und Intergalaktane vorkommen (falls letzterer Stoff überhaupt allein in polymerem Zustand existiert und nicht an andere Körper, wie z. B. Uronsäuren, gebunden ist, was noch nicht klar erwiesen scheint[1]).

3. Zur Biochemie der Zwischenprodukte.

In einer früheren Arbeit[2] wies Verfasser im Steinnußsamen neben einem bekannten Mannan ein zweites bis dahin noch unbekanntes nach, das Chlorinkjodreaktion besaß und in Alkalien sehr wenig löslich war. Es besteht nach den jetzigen Erfahrungen durchaus die Möglichkeit, daß es sich hier um das Endprodukt handelte, während das bekannte, in 4%iger Natronlauge leicht lösliche Produkt eine Zwischensubstanz des Aufbaues oder Abbaues ist. Eine endgültige Bestätigung kann naturgemäß nur durch vergleichende Untersuchung am Steinnußsamen erfolgen. Ebensowenig lassen sich zurzeit Angaben über die Zugehörigkeit der übrigen Mannane[3] zu einer bestimmten Entwicklungsreihe machen.

Auch ein Glucan hatte Verfasser bei Gelegenheit der Untersuchung junger Buchentriebe, die allerdings in ganz anderer Absicht angestellt war, aufgefunden[4]. Es besteht die Möglichkeit, daß auch dieses Produkt eine Intercellose ist, worüber indessen nur mit der hier angewandten, vergleichenden Methodik entschieden werden kann, da andererseits damit zu rechnen ist, daß die Substanz ein dem Buchenholz eigenes, neues Glucan darstellt.

Ferner ist zu erwägen, ob das Lichenin eine auf einer bestimmten Entwicklungsstufe stehengebliebene Cellulose, also eine Intercellose ist. Vielleicht sind die Flechten und andere niedere Pflanzen in der Lage, die den höher entwickelten Pflanzen eigene Cellulose auf einer Zwischenstufe ihrer Entwicklung festzuhalten oder nur bis zu diesem Stadium auszubilden. Wäre das der Fall, so müßte sich diese Substanz in allen wachsenden Pflanzen mit Cellulosesynthese finden lassen, wenn auch nur in geringer Menge. Hiermit erscheint eine vor Jahren geäußerte Ansicht von *Karrer*[5] in einem neuen Gewande.

---

[1] Siehe hierzu *M. Lüdtke*, diese Zeitschr. 212, 419, 1929.
[2] *M. Lüdtke*, A. 456, 201, 1927.
[3] Über Mannane vgl. die entsprechenden Kapitel in *H. Pringsheim*, Die Polysaccharide, 2. Aufl., Berlin 1923; *P. Karrer*, Polymere Kohlenhydrate, Leipzig 1925; *K. Hess*, Chemie der Cellulose, Leipzig 1928.
[4] *K. Hess, M. Lüdtke, H. Rein*, A. 466, 58, 1928.
[5] *P. Karrer, B. Joos*, diese Zeitschr. 136, 537, 1923; *P. Karrer, B. Joos, M. Staub*, Helv. 6, 800, 1923; *P. Karrer*, Polymere Kohlenhydrate, Leipzig 1925.

In diesem Zusammenhang müssen auch frühere Untersuchungen über Xylane einer neuen Betrachtung unterzogen werden. Während das Xylan aus Bambus[1] sowie aus Buchenholz und Roggenstroh[2] eine blauviolette Chlorzinkjodreaktion gibt, hat ein Xylan aus Sulfitzellstoff nur eine hellgelbe Farbreaktion[3]. Hier erhebt sich die Frage, ob letztere Substanz lediglich ein Interxylan darstellt, also der Reihe des obigen Xylans zuzuordnen ist, oder eine eigene Reihe bildet. Schließlich ist auch noch der Einfluß des technischen Aufschlusses zu berücksichtigen, also festzustellen, ob die Substanz ein Abbauprodukt darstellt. Im ersten Falle ist weiterhin die Frage zu prüfen, ob Koniferen überhaupt das Xylan nicht bis zur Endstufe auszubilden vermögen, da unser Produkt ja aus altem Holz gewonnen wurde, in dem diese vorliegen sollte.

Link[4] untersuchte die Keimlinge von Mais und stellte hierin zwei Xylane fest, die er A und B nannte. Auch hier ist noch durch vergleichende Versuche zu klären, ob es sich um zwei Glieder derselben Reihe handelt oder nicht.

Viele alte Arbeiten weisen Angaben über verschieden starke Löslichkeit mancher polymeren Kohlenhydrate in Laugen auf. Sie genügen indessen meistens nicht zur Unterscheidung zwischen verschiedenen Gliedern dieser Körperklasse, da eine geringe Alkalilöslichkeit selbst der Cellulose zukommt und die Art der Fällung und Trocknung zu wenig berücksichtigt ist.

Durch das vergleichende Studium dieser Substanzen lassen sich, wie man sieht, zahlreiche Probleme der Pflanzenphysiologie und Morphologie, der Chemie und ihrer angewandten Gebiete einer Lösung zuführen.

Will man bestimmte Substanzen einer Reihe aus Pflanzenmaterial isolieren, so ist für das Gelingen und eine gute Ausbeute nicht nur das Alter der Pflanze zu berücksichtigen, sondern auch auf Ernährung, Witterung und sonstige Umweltfaktoren zu achten. Die hiervon ausgehenden Einflüsse haben große Wirkung auf Menge und Verhältnis der einzelnen Zellwandkomponenten zueinander. Zum Beispiel konnten in

---

[1] *M. Lüdtke*, A. **466**, 27, 1928.
[2] *E. Heuser, M. Braden*, Journ. prakt. Chem. **103**, 69, 1921.
[3] *K. Hess, M. Lüdtke*, A. **466**, 18, 1928.
[4] *K. P. Link*, Am. Chem. Journ. 51, 2506, 1929. Hier wird die Methodik der Xylantrennung irrtümlicherweise *K. Hess, E. Messmer, N. Ljubitsch*, A. 444, 287, 1925 zugesprochen. Diese Arbeit behandelt einen ganz anderen Gegenstand. Die Xylantrennung wurde vom Verfasser an den Kohlenhydraten des Bambus ausgearbeitet und dann auf die des Sulfit- und des Buchenzellstoffs übertragen.

einem Versuch mit verschieden ernährten, vier Wochen alten Weizenpflanzen folgende Drehwerte des Zellstoffs in Kupferoxydammoniak erhalten werden:

$$\begin{array}{ll}\text{Normal ernährte Pflanzen} & -2{,}37^0 \\ \text{Kalimangel} & -2{,}57^0 \\ \text{Kaliüberschuß} & -2{,}65^0 \\ \text{Stickstoffmangel} & -2{,}13^0 \\ \text{Stickstoffüberschuß} & -2{,}13^0 \\ \text{Phosphormangel} & -1{,}90^0\end{array}$$

Zellstoff aus alten Weizenhalmen hat einen Drehwert von etwa $-4{,}0^0$. Die Differenz ist auf das Vorhandensein der Intercellosen und Interxylane zurückzuführen. Die Unterschiede innerhalb der Reihe sind dem Einfluß der verschiedenen Ernährung zuzuschreiben.

Durch eine exakte Bestimmung der angegebenen Komponenten, wie sie durch die Erfahrungen dieser Arbeit ermöglicht wird, würden sich ohne Zweifel interessante Einblicke in physiologische und pathologische Erscheinungen gewinnen lassen.

Ferner sei hingewiesen auf die Verdaulichkeit der Rohfaser. Da nach weiter unten mitgeteilten Versuchen die nach dem *Weende*-Verfahren hergestellte Rohfaser noch Intersaccharane enthält, dürfte diesen Substanzen für die Verdaulichkeit besondere Bedeutung zukommen. Um so mehr, als grünes Pflanzenmaterial ja eine bedeutende Rolle in der Ernährung von Mensch und Tier spielt. Wir beabsichtigen, das Verhalten dieser Substanzen gegenüber Enzymen noch zu studieren.

Schließlich lehren diese Untersuchungen, daß die in den Zellwänden ausgewachsener Gewebe zu findenden Kohlenhydrate nicht durch „spontane Kristallisation" aus dem Plasma oder durch chemische Veränderung des Plasmas selbst entstanden sind, sondern aus einfachen Zuckern am Ort ihrer späteren Lagerung allmählich synthetisiert wurden, also eine der Ontogenese parallel laufende Chemogenese durchmachen. Die Tatsache, daß die Intersaccharane aus der Sekundärlamelle der Zellwand selbst, also der Lagerstätte der Cellulose und des Xylans isoliert wurden, ist ein weiterer Beweis der Behauptung, daß es sich um Zwischenprodukte genannter Kohlenhydrate handelt.

4. Bemerkungen zur Konstitution polymerer Kohlenhydrate.

Es ist bei allen in der Sekundärlamelle höherer Pflanzen abgelagerten Kohlenhydraten bemerkenswert, daß das Endprodukt eine blauviolette Chlorzinkjodreaktion aufweist und in verdünnten Alkalien kaum oder doch schwer löslich ist, während die Zwischenprodukte in Chlorzinkjod schwächer gefärbt sind oder farblos bleiben und in Laugen gleicher Konzentration löslich sind. Man kann hiernach vier Stufen innerhalb der Reihe eines Kohlenhydrats feststellen. Wir bezeichnen eine solche Reihe im folgenden mit *Staudinger*[1] als polymerhomolog.

Es ist demnach zu ermitteln, welcher Reihe eine Verbindung angehört und wo sie in dieser steht. Neu aufgefundene Körper sind daraufhin zu untersuchen, ob sie einer bekannten Reihe angehören oder eine eigene Reihe bilden. Zur Beantwortung solcher Fragen wurde folgendes Schema (Tabelle X) aufgestellt, in das die seither als sicher erkannten Kohlenhydrate eingeordnet wurden, so gut es zurzeit möglich ist. Die Aufstellung kann natürlich nur ein erster Versuch sein, Ordnung in die Vielzahl der beschriebenen Körper zu bringen. Weitere Arbeit soll das System vervollständigen.

Wir haben uns bei der Zusammenstellung, wie man sieht, von gewissen Löslichkeitserscheinungen und Farbreaktionen leiten lassen und sind so zu einer Einteilung in vier Stufen gekommen, die natürlich nicht scharf abgegrenzt sind, sondern allmähliche Übergänge haben. Auch die Einteilung in drei Gruppen sieht Ausnahmefälle vor. Die Betrachtung dieser Tabelle zeigt, daß für die in der Sekundärlamelle abgelagerten Kohlenhydrate, Cellulosen, Mannane und Xylane, vielleicht auch für das Lichenin und die Methylpentosane (die noch nicht isoliert wurden) ein gleiches Aufbauprinzip gelten dürfte. Hiervon unterscheiden sich die Galaktane und Arabane, die sich wohl stets mit organischen Säuren, wie Uronsäuren und Zuckersäuren (in weiterem Sinne), vereinigt oder chemisch verbunden haben und von denen es fraglich ist, ob sie höhere Polymere zu bilden vermögen. Bemerkenswert ist weiterhin ihre Beschränkung auf Mittellamelle und Intercellularen. Noch größeren Unterschied weisen die als Reservekohlenhydrate im Zellinnern abgelagerten drei Substanzen Stärke, Inulin und Glykogen auf.

Im folgenden wird nur die erste Gruppe dieser Substanzen näher betrachtet. Die Verschiedenheiten innerhalb einer Reihe müssen ihren Ausdruck in der Konstitution der Einzelmoleküle sowie der Lage dieser zueinander finden.

Staudinger[2] nimmt an, daß den polymeren Kohlenhydraten Kettenstruktur zukomme. Für das Cellulosemolekül werden etwa 1000 glucosidisch miteinander verbundene Glucosereste gefordert. Solche Makromoleküle lagern sich orientiert aneinander und bilden den

---

[1] *H. Staudinger*, Zeitschr. f. angewandte Chem. **42**, 37, 67, 1929; *H. Staudinger, K. Frey, R. Signer, W. Stark, G. Widmer*, B. **63**, 2308, 1930; *H. Staudinger, O. Schweitzer*, B. **63**, 2317, 1930; *H. Staudinger, H. Freudenberger*, B. **63**, 2331, 1930.

[2] *H. Staudinger*, l. c.; B. **59**, 3019, 1926; vgl. hierzu auch *B. Tollens*, Handb. d. Kohlenhydrate, 3. Aufl., Leipzig 1914, S. 564; *K. Freudenberg*, B. **54**, 767, 1921; *R. O. Herzog, W. Jancke*, Zeitschr. f. angewandte Chem. **34**, 385, 1921.

Tabelle X. System der polymeren Kohlenhydrate.

	Cellulosereihe		Lichenin-reihe?	Mannan-reihe	Xylan-reihe	Galaktane, Arabane	Stärke-reihe	Inulin-reihe	Glykogen-reihe
	Aufbau	Abbau							
1. Stufe	Glucose	Glucose, Cellobiose, Triose, Tetraose	Glucose, Cellobiose, Lichotriose	Mannose	Xylose	Keine rein. Polysaccharane bildend? Nur in chemischer Bindung mit Zuckersäuren als pektin- und schleimartige Substanzen d. Mittellamelle auftretend oder als Gummi?	Glucose, Amylosen	Fructose	Glucose, Amylosen
2. Stufe. Blaue Jodreaktion. Schwer oder kolloidlöslich in verdünnter Natronlauge. Löslich in heißem Wasser	Amyloid	Dextrine, Pergamente	Isolichenin	Mannan C? Salap oder eigene Reihe?	—		Stärke	Inulin, keine Jodreaktion, leicht löslich in Alkalien od. 1. Stufe?	Glykogen, braune Jodreaktion
3. Stufe. Keine Jodreaktion. Löslich in verdünnter Natronlauge. Löslich in Kupferoxydammoniak. Nicht oder nur unvollkommen löslich in heißem Wasser	Intercellulosen, Gluran?, Lichenin?	Hydrocellulose,	Lichenin, eigene Reihe oder der Cellulosereihe zugehörig?	Mannan A oder eigene Reihe?	Interxylane, Weizen, Fichtenholz-Xylan? Xylan A, Mais?				
4. Stufe. Schwer löslich in Natronlauge. Löslich in Kupferoxydammoniak. Blaue Chlorzinkjodreaktion	Cellulose	Cellulose	—	Mannan B	Xylan B, Bambus, Roggen, Weizen, Buchen, Mais				
	Substanzen der Sekundärlamelle pflanzlicher Zellen Gruppe 1					Substanzen d. Mittellamelle und der Intercellularen pflanzlicher Zellen Gruppe 2	Reservekohlenhydrate, im Innern der Zelle abgelagert Gruppe 3		

nächsthöheren Baustein. Dieser ist in der Faser die Fibrille. Ihre Länge ist durch die Querelemente gegeben. Nehmen wir an, sie betrüge 10 μ. (Die größte bis jetzt gemessene Entfernung zweier Querelemente betrug 80 μ, die kleinste 3 bis 4 μ.) Die Länge der Makromoleküle ist nach genanntem Autor etwa 0,5 μ. Diese könnten also nur durch versetzte Lagerung die Fibrille aufbauen, die dann einen Einkristall vorstellen würde. Hierüber liegen keine Beobachtungen vor. Wenn dagegen die Kettenmoleküle alle ungefähr gleichzeitig endeten, so ließen sich 20 solcher Mikrobausteine der Länge nach in der Fibrille unterbringen. Hiermit hätten wir dann wieder eine Art Mizellbildung, allerdings nur im festen Zustande und wegen ihrer Größe ohne Formdoppelbrechung.

Schwer vereinbar ist eine solche bloße Kettenstruktur glucosidisch verbundener Cellobiosereste mit den einzelnen Stufen. Zum Beispiel könnte man die Jodjodkaliumreaktion nur verstehen, wenn man sie nicht als Folge konstitutioneller Eigenschaften auffaßt, sondern mit dem Dispersitätsgrad oder anderen kolloidchemischen Eigenschaften in Verbindung bringt, was indessen kaum angängig sein dürfte[1]. Denn andernfalls sollten sie nach dem erstmaligen Auftreten auch bestehen bleiben, da nach der Auffassung *Staudingers* wohl eine Verlängerung der Kette stattfindet, aber keine neue chemische Gruppierung. Das Auftreten einer Lücke, durch die Intercellosen, Interxylane und Intermannane gekennzeichnet, spricht dagegen. Erst im Endzustand tritt wieder eine Jodreaktion auf, und zwar nach Zusatz sauer und quellend wirkender Reagenzien, wie Schwefelsäure oder Chlorzink.

Auch bei der Alkalilöslichkeit ist eine gleichmäßig fortschreitende Tendenz nicht festzustellen. Die zweite Stufe benimmt sich etwa wie Stärke, die dritte ist relativ leicht löslich und geht allmählich in die Schwer- oder Unlöslichkeit der vierten Stufe über.

Ferner ist das Verhalten gegenüber Säuren in diesem Zusammenhang zu erwähnen. Jede Hydrolyse von Cellulose mit verdünnten Säuren ist nur höchst unvollkommen zu Ende zu führen, etwa eben so, wenn auch nicht ganz so ausgeprägt, verhalten sich Xylane und Mannane im Endzustand. Bei diesen Substanzen führt erst die Anwendung des Flechsigverfahrens zu quantitativer Aufspaltung. Hiermit ist nicht in Übereinstimmung, daß die langen Kettenmoleküle leichter verkracken sollen als die kürzeren, womit ja der schnelle Viskositätsabfall dieser Produkte sofort nach Lösung erklärt wird. Auch der konstante Drehwert

---

[1] *H. v. Euler* u. *St. Bergman*, Kolloidzeitschr. **31**, 81, 1922; *H. Pringsheim*, *K. Goldstein*, B. **55**, 1446, 1922; *M. Bergmann*, B. **57**, 753, 1924; *M. Bergmann*, *St. Ludewig*, B. **57**, 961, 1924; *D. Krüger*, *E. Tschirch*, B. **62**, 2776, 1929; B. **63**, 826, 1930.

der Mannane und der Cellulose[1] in Kupferoxyd-Ammoniaklösung während sechs bis zehn Tagen, einer Zeit, in der die Viskosität bereits stark vermindert ist, spricht nicht hierfür. Ferner liegen die polarimetrischen Daten der Intercellosen tiefer als die der Cellulosen; man sollte also auch von verkrackten Produkten erwarten, daß sie einen geringeren Drehwert zeigen, was während der angegebenen Zeit nicht zu beobachten ist.

Macht man sich die Ansichten zu eigen, die micellaren Aufbau annehmen[2] oder diesen mit der Kettenstruktur vereinigen[3], so ist zunächst darauf hinzuweisen, daß sowohl im innern Aufbau als auch in der Länge der Cellobioseketten im Verlauf der Membranbildung Veränderungen entstehen, wie eine Betrachtung der chemischen Natur, der Löslichkeit und des Wassergehaltes der Intermediärprodukte in den vorstehenden Abschnitten lehrt.

Vergleichende Röntgenanalyse mehrerer Stoffe einer Reihe wird hier von großem Wert sein. Zum Beispiel weicht das Röntgenbild des bekannten Mannans A ohne Chlorzinkjodreaktion von dem des Mannans B mit blauer Reaktion deutlich ab[4]. Ebenso ist es mit dem Lichenin und der Cellulose[5]. Sollte es sich bestätigen, daß die ersten beiden sowie die letzten beiden Substanzen zu je einer Reihe gehören, so wäre klar erwiesen, daß ihre Verschiedenheit nicht nur auf der Länge der Ketten beruht (denn in diesem Falle müßten sie gleiche Diagramme aufweisen), sondern auf der Entfernung der Ketten voneinander oder auf neuen chemischen Bauprinzipien.

Die Annahme letzterer scheint auch notwendig, wenn man beachtet, daß die Kettenmoleküle scheinbar nicht von einem einzigen fermentativen Prinzip aufgespalten werden können, sondern daß ein ganzes Enzymsystem hierzu nötig ist. Aus den Untersuchungen von *Weidenhagen*[6] wissen wir, daß die Einwirkung von α- bzw. β-Glucosidase genügen sollte, um α- oder β-4-glucosidisch verbundene Glucoseketten aufzuspalten. Der Einwand, den genannter Autor bei der Stärke macht[7], wäre auch hier zu erheben — es sei denn, daß man den micellaren Bau

---

[1] *K. Hess, E. Messmer, N. Ljubitsch*, A. **444**, 287, 1925; *E. Messmer*, Zeitschr. f. physik. Chem. **126**, 402, 1927.

[2] *C. v. Nägeli, S. Schwendener*, Das Mikroskop, 2. Aufl., Leipzig 1877; *C. v. Nägeli*, Theorie der Gärung, München 1879.

[3] *K. H. Meyer, H. Mark*, B. **61**, 593, 1928; Der Aufbau der hochpolymeren organischen Naturstoffe, Leipzig 1930.

[4] Siehe die Röntgenbilder bei *K. Hess* u. *M. Lüdtke*, A. **466**, 18, 1928 sowie in *K. Hess*, Chemie der Cellulose, Leipzig 1928, S. 80.

[5] *R. O. Herzog, H. W. Gonell*, H. **141**, 63, 1924.

[6] *R. Weidenhagen*, Zeitschr. d. Vereins d. deutschen Zuckerindustrie **79**, 115, 591, 1929; **80**, 11, 155, 374, 1930.

[7] *Derselbe*, ebendaselbst **80**, 935, 1930.

und die damit zusammenhängenden energetischen Verhältnisse sowie die außergewöhnliche Länge der Kette als Ursache der Nichtspaltbarkeit ansieht. Leichter sind diese Ergebnisse enzymatischer und präparativer Arbeit aber zu verstehen, wenn der sehr wahrscheinlich gemachte stufenweise Abbau und Aufbau mit konstitutiven Momenten chemischer Natur in Zusammenhang gebracht wird.

Wenn sich auch die leichte Hydrolysierbarkeit und Löslichkeit auf den Abstand der Ketten voneinander zurückführen läßt, so wäre die größere Resistenz der Substanz im Endzustand doch eher zu verstehen, wenn man für diese auch eine Hauptvalenzbindung der Ketten untereinander, etwa durch Vermittlung der freien CH_2OH-Gruppen, nachweisen könnte. Vielleicht beruht auch die Bildung von Huminsubstanzen bei der Hydrolyse auf einem Zusammenbleiben mehrerer Kettenbruchstücke.

Hampton, Haworth und *Hirst*[1] nehmen für das Xylan eine Struktur gleich der der Cellulose an. Dieser würden also lediglich die außenstehenden CH_2OH-Gruppen zu nehmen sein, um sie in Xylan zu überführen. Aber dieses Produkt (im Endzustand mit blauvioletter Chlorzinkjodreaktion), das also zu Micellen vereinigte Kettenmoleküle in geordneter Lagerung darstellen sollte, gibt im Diagramm nur einen breiten Ring[2]. Dieser ist nicht verständlich, wenn man die Substanz als ein Abbauprodukt der Cellulose im Sinne der englischen Autoren auffaßt. Weiter vorne ist schon dargetan, daß diese Ansicht auch aus anderen Gründen abzulehnen ist.

Da die Bildung der Zellwand nicht auf spontanen Vorgängen beruht, vielmehr eine allmähliche Entwicklung darstellt, die dem Wachsen und sonstigen Erfordernissen der Membran angepaßt ist, müssen chemische und physikalische Bauprinzipien dem jeweils Rechnung tragen. Die Ansicht von *Staudinger* sowie von *Meyer* und *Mark*, daß in der Cellulose verschieden lange Ketten von β-4-Glucosido-Glucoseresten vorlägen, scheint mit den Erfahrungen in Widerspruch[3]. Frühere und vorliegende Untersuchungen des Verfassers weisen mit Deutlichkeit darauf hin, daß die Cellulose, das Mannan und das Xylan einem Endzustand zustreben, der endgültig ist. Es scheint, daß die Pflanze nicht in der Lage ist, an den Substanzen, die ihn erreicht haben, noch einen weiteren Aufbau vorzunehmen. Die polymeren Kohlenhydrate im Endzustand stellen keine Gemische dar, sondern Individuen. Es gibt wohl viele

---

[1] *Hampton, Haworth* u. *Hirst*, Journ. Chem. Soc. **31**, 1739, 1929.
[2] *K. Hess, M. Lüdtke*, A. **466**, 18, 1928.
[3] Die letzte Arbeit von *H. Staudinger* und *O. Schweitzer*, B. **63**, 3132, 1930 sieht allerdings auch vor, daß die Pflanze in der Lage ist, einheitliche Moleküle aufzubauen.

Intercellosen, Interxylane und Intermannane, aber nur eine Cellulose, ein Xylan B und ein Mannan B. Ob die Pflanze bestimmte Entwicklungsstufen in Form einheitlicher Individuen festhalten kann, ist noch nicht mit Sicherheit zu sagen. Zeigt es sich, daß das Mannan A, das Lichenin und andere der Reihe angehören, der sie in der Tabelle vorläufig zugeordnet sind, so ist diese Frage bejahend zu beantworten.

Aus allem scheint hervorzugehen, daß außer der Annahme langer Ketten und deren Parallellagerung zu Micellen noch weitere Prinzipien bei dem Aufbau polymerer Naturstoffe in Frage kommen, und man wird *Staudinger* und *Schweitzer* beipflichten müssen, wenn sie „das Problem der endgültigen Konstitution der nativen Cellulose vorläufig noch unerschlossen"[1] nennen.

5. Die quantitative Bestimmung der Cellulose.

Die exakte Bestimmung der Cellulose bietet für gewisse technische Materialien, wie z. B. Holzzellstoff, heute keine große Schwierigkeit mehr. Da dieses Produkt durch den Aufschluß von Nichtkohlenhydraten weitgehend befreit ist, da wir überdies die Eigenschaften der Begleitkohlenhydrate kennen, ließ sich in der Ermittlung der α-Cellulosemenge eine Methode finden, die für viele Zwecke von der erforderlichen Genauigkeit ist.

Schwieriger wird die Bestimmung bereits, wenn nicht Holz vorliegt, sondern etwa Stroh. Durch die Alkaliextraktion der α-Cellulosebestimmungsmethode wird in diesem Falle nicht das Kutin der Epidermiszellen erfaßt. Auch bleibt reichlich viel Xylan in dem Zellstoff.

Noch schwieriger gestaltet sich die Ermittlung bei Vorliegen grünen Pflanzenmaterials. Für diese Zwecke ist bekanntlich die Rohfaserbestimmung etwa nach dem Weendeverfahren ausgearbeitet[2].

Diese beiden Methoden, die je nach Material mit schwankender Fehlergrenze arbeiten, sind für viele Zwecke ausreichend. Sie versagen indessen, wenn die Menge der Begleitstoffe groß ist. Die Fehler, die ihnen anhaften, sind insbesondere die folgenden:

1. Xylan und Mannan sind in ihrem Endzustand, also sobald sie blauviolette Chlorzinkjodreaktion geben, unter den Bedingungen der genannten Methoden nicht völlig in der Natronlauge löslich; sie bleiben zum Teil im Rückstand.

---

[1] H. *Staudinger*, O. *Schweitzer*, B. **63**, 3132, 1930.
[2] Die Ausführungsbestimmungen siehe bei *M. Lüdtke* in *E. Mangold*, Handb. d. Ernährung u. des Stoffwechsels d. landw. Nutztiere, 1. Bd., S. 44, Berlin 1929.

2. Das Kutin ist ebenfalls nicht in Alkali löslich und bleibt bei der Cellulose. Dasselbe ist von der in dieser Arbeit eingehend besprochenen Hautsubstanz zu sagen.

3. Die Intercellosen werden bei grünem Material nicht vollständig extrahiert.

Bei zusätzlichen Verfahren zu den genannten Methoden ist folgendes zu beachten:

a) Die Ermittlung und Subtraktion des Xylan- bzw. Pentosanwertes (durch Furfuroldestillation) von dem der α-Cellulose oder der Rohfaser erfaßt nicht das Mannan und die Intercellosen, auch nicht das Kutin und die Hautsubstanz.

b) Die Vergärung nach erfolgter Hydrolyse schließt die Interzellosen und die Mannane mit ein; die gesonderte Bestimmung der Mannose (die übrigens in geringer Konzentration sehr schwierig ist) läßt immer noch die Intercellosen unberücksichtigt.

c) Die Auflösung des Zellstoffs bzw. der Rohfaser in Kupferoxydammoniak und Ausfällung mit Säure und Alkohol[1] kann nur eine Rohcellulosebestimmung sein, da, wie die vorliegende Abhandlung zeigt, Mannane, Xylane und Intercellosen zum Teil mit ausgefällt werden.

Diese Ausführungen lehren, daß den bisherigen Methoden zur Cellulosebestimmung Mängel zum Teil solcher Art anhaften, daß ihre Verwendbarkeit in Frage gestellt ist.

Ein exaktes Verfahren für die Bestimmung der Cellulose in höheren Pflanzen ist nach den Erfahrungen des Verfassers das folgende:

Das Material wird nach geeigneter Vorbereitung durch abwechselndes Einbringen in 0,2 bis 0,4%iges Chlorwasser und 1 bis 2%iges Ammoniak aufgeschlossen. Sollen die der zweiten Stufe (s. Tabelle X) angehörigen Kohlenhydrate einschließlich pektinartiger Substanzen bei dem Zellstoff bleiben, ist statt des Ammoniaks kalte 2%ige Natriumsulfitlösung anzuwenden. Der ganze Aufschluß ist in der Kälte durchzuführen. Bei Verwendung von Chlorwasser und Ammoniak sind acht bis zehn Behandlungen nötig; bei Anwendung von kalter Natriumsulfitlösung 20 bis 25. Es muß hier bemerkt werden, daß Chlordioxydlösung gegenüber Chlorwasser keine Vorteile bietet. Der aufgeschlossene Zellstoff wird dreimal mit 6- bis 7%iger Natronlauge ausgeschüttelt (jedesmal etwa sechs Stunden auf der Maschine). Das Flottenverhältnis ist ungefähr 1 g lufttrockene Substanz zu 10 ccm Lauge. Nach dem Auswaschen wird 1 g des lufttrockenen Produkts mit

---

[1] *J. König*, Zeitschr. f. Nahrungs- u. Genußmittel 12, 388, 1906; *Mach* u. *Lederle*, Landwirtsch. Versuchsstat. 90, 269, 1917; siehe auch *G. Wiegner*, *W. Thormann*, Landwirtsch. Jahrbücher d. Schweiz 1921.

1 g festem, reinem Kupferhydroxyd in gut schließender Stöpselflasche vermischt und mit 100 ccm 25 %igem Ammoniak übergossen. Es empfiehlt sich, die Substanz zuerst einige Stunden mit etwa 20 ccm Ammoniak quellen zu lassen und danach den Rest zuzugeben. Die Auflösung erfolgt schneller beim Schütteln. Nicht gelöste Stoffe werden durch Zentrifugieren entfernt, wobei die Lösung mit einer gesättigten Lösung von Kupferhydroxyd in Ammoniak quantitativ übergespült wird. Aus der Kupfer-Kohlenhydratlösung fällt 50 %ige Essigsäure, allmählich unter Kühlung zugesetzt, die Cellulose praktisch quantitativ aus. Mannane und Xylane fallen nicht quantitativ, auch setzt ihre Abscheidung später ein, weshalb man die Cellulose alsbald nach Ausfall abzentrifugiert. Bei hohem Hemicellulosengehalt ist die Auflösung in Kupferoxydammoniak und Ausfällung gegebenenfalls wie angegeben zu wiederholen. Das Kupfer wird durch 5 %ige wässerige Essigsäure entfernt und die Essigsäure durch Wasser. Nachträgliche Behandlung mit Methylalkohol erleichtert das Trocknen. Der polarimetrische Wert von 0,0648 g Substanz und 0,096 g reinem Kupferhydroxyd in 10 ccm 25 %igem Ammoniak muß im Licht der Wellenlänge 435,8 $\mu\mu$ bei Verwendung eines 5 cm-Rohres — 3,27° ergeben. Es ist dies der von *Hess* und *Messmer* ermittelte Wert für reine Cellulose unter obigen Bedingungen[1]. Ist dieser Wert, der zwischen — 3,25° und — 3,30° zu schwanken pflegt, nicht erreicht, so ist die Umfällung zu wiederholen.

Das Verfahren ist langwierig, übertrifft aber alle bisher bekannten Methoden an Exaktheit, da es auf den neuesten Erkenntnissen aufgebaut ist. Denn gerade die Zwischenprodukte boten dem einwandfreien Nachweis große Schwierigkeiten. Bei Verwendung von nicht zu großen Substanzmengen, also etwa 1 g lufttrockenen Materials, ist das Verfahren auch für Reihenversuche anwendbar.

6. Die Bildung der Zellwand und ihrer stofflichen Komponenten.

Die Ergebnisse dieser Arbeit und das in der Literatur niedergelegte Tatsachenmaterial gestatten, folgendes Bild vom Werden der Zellwand, insbesondere ihrer Kohlenhydratkomponenten zu geben.

Ein die Zellteilung und damit Wandbildung anregendes Prinzip, das mit *Haberlandt* in den Wuchshormonen[2] oder mit *Gurwitsch* in

---

[1] *K. Hess* u. *E. Messmer*, A. **435**, 7, 1923; *K. Hess, E. Messmer, N. Ljubitsch*, A. **444**, 287, 1925.

[2] *G. Haberlandt*, Sitzungsber. d. Preuß. Akad. d. Wissenschaften, Berlin 1913; Biol. Zentralbl. **42**, 145, 1922; siehe auch *J. Brieger*, Ber. deutsch. bot. Ges. **42**, (79), 1924; *N. Cholodny*, Biol. Zentralbl. **47**, 604, 1927, Hier sind auch zu erwähnen *E. Schilling*, Jahrb. wiss. Bot. **62**, 528, 1923. der organische Säuren als Wachstumsreiz annimmt und *K. Linzbauer*, Biol. Zentralbl. **46**, 80, 1926.

der mitogenetischen Strahlung[1] anzunehmen ist, leitet den Gesamtprozeß[2] ein.

Aufbaufermente synthetisieren die Kohlenhydrate aus der Glucose, entweder direkt aus dieser oder nach Rückbildung aus Stärke. Die zunächst entstehenden Saccharide werden vom Zellkern im Zusammenwirken mit dem Plasma zum Ort ihrer späteren Ablagerung dirigiert und hier durch weitere Synthese als festes Produkt in Form von stärkeähnlichen Amyloiden mit blauer Jodreaktion abgeschieden. Weitere Synthese führt zu den Intersaccharanen, die gegen Chlorzinkjod farblos sind. Dieser Vorgang wird von einem formenden Prinzip[3] begleitet, das sich auch bei dem letzten Vorgang, der Ausbildung des Endzustandes, der sich durch blauviolette Chlorzinkjodreaktion bekannt gibt, wirksam zeigt. Ein solches Prinzip muß angenommen werden, da sonst die Organisation der Substanzen, die aus sich selbst heraus nicht stattfindet, nicht erklärt werden kann. Der gesamte Prozeß ist als eine Ganzheitsreaktion anzusprechen, da er nicht nur durch die Einzelzelle, sondern auch von dem gesamten Organismus beherrscht wird. Zu welchem Zeitpunkt die Ausbildung der Cellulosekristallite erfolgt, ist noch unbekannt. Sicher ist nur, daß im wachsenden Organismus neben den Endprodukten auch die niedrigeren Stufen vorkommen.

Die Bildung der polymeren Kohlenhydrate durch synthetisierende Prinzipien stellt im Gesamtgeschehen also nur einen Teilprozeß dar. Viel schwieriger zu verstehen und zu erklären sind die übrigen Vorgänge, deren experimentelle Grundlagen in den meisten Fällen noch sehr lückenhaft sind.

7. Versuche.

A. Untersuchung des Zellstoffs reifer Weizenhalme.

Aufschluß von altem Winterweizen (Halmen).

250 g Halmmaterial (89,35% Trockensubstanz, 20,46% Pentosangehalt, 0,4% Stickstoff, 6,7% Asche) wurden ohne Ähren in kurze Stücke geschnitten in drei Liter Wasser suspendiert, nach 24 Stunden von diesem getrennt und in drei Liter 0,2%iges Chlorwasser gebracht. Nach 24stündi-

---

[1] Siehe hierzu A. *Gurwitsch*, Das Problem der Zellteilung, Berlin 1926; Protoplasma 6, 449, 1929; *I. Reiter*, *D. Gabor*, Berlin 1927; Veröffentlichungen aus dem Siemenskonzern, Berlin 1928; *W. Loos*, Jahrb. wiss. Bot. 72, 611, 1930; *H. Schreiber*, *W. Friedrich*, diese Zeitschr. 227, 386, 1930, hier auch die weitere Literatur.

[2] Andere Forscher sehen in der Wasserstoffionenkonzentration, der Viskosität und anderen physikalischen Erscheinungen das teilungserregende Prinzip. Siehe *Spek*, Kolloidzeitschr. 12, 1920; *F. Weber*, Naturwissenschaften 12, 289, 1924.

[3] *J. Reinke*, Grundlagen einer Biodynamik, Berlin 1922; *H. Pfeiffer*, Grundlinien zur Entwicklungsmechanik d. Pflanzengewebe, Berlin 1925; *L. Bertalanffy*, Kritische Theorie der Formbildung, Berlin 1928.

gem Verweilen darin bei Zimmertemperatur im Dunkeln wurde abgesaugt, mit ebensoviel Wasser nachgewaschen und in 2%iges Ammoniakwasser gebracht. Auch hierin blieb das Aufschlußgut 24 Stunden. Abfiltriert, zweimal mit der gleichen Menge Wasser ausgewaschen, in 1,5 Liter Wasser aufgenommen, mit 2%iger Salzsäure unter Umschütteln neutralisiert 1,5 Liter 0,4%iges Chlorwasser zugegeben, durchgeschüttelt und 24 Stunden stehen gelassen. Die Behandlung mit Chlorwasser bzw. Ammoniak geschah im ganzen je achtmal. Bei der fünften bis achten Behandlung wurde das Ammoniakwasser nur 1%ig gewählt und das Chlorwasser 48 Stunden mit der Substanz in Berührung belassen.

Die Ausbeute betrug 130,7 g mit 11,36% Feuchtigkeit = 115,86 g trocken oder 51,87%.

Die Chlorwasserauszüge, die hellgelb gefärbt waren und nur wenig organische Substanzen enthielten, wurden nicht weiter untersucht.

Die Ammoniakauszüge wurden jeder für sich mit 50%iger Schwefelsäure unter Umrühren schwach angesäuert. Das flockig ausfallende Ligninprodukt wurde abfiltriert und ausgewaschen. Es stellt getrocknet ein dunkelbraunes Pulver dar, das chlorhaltig ist, bisher aber noch nicht weiter untersucht wurde.

Fraktionierung des Zellstoffs aus altem Weizen.

100 g Zellstoff mit 91,37 g Trockengewicht, die durch Ausziehen mit heißem Methylalkohol 1,32% „Fett und Wachs" verloren, wurden mit 1000 ccm 8%iger (Gewichtsprozente) Natronlauge übergossen und 20 Stunden unter häufigem Umschütteln stehen gelassen. Die Substanz färbt sich beim Übergießen gelb. Die Lauge wurde durch ein Glasfilter abgesaugt und der Rückstand mit dem gleichen Volumen Wasser ausgewaschen. Filtrat und Waschwasser wurden mit dem doppelten Volumen Methylalkohol durchgeschüttelt. Ausfall nach sechs Stunden filtriert (der gelbe Farbstoff verblieb in der alkoholischen Lauge) und mit Methylalkohol gegen Lackmus neutral gewaschen. Nachdem er 24 Stunden in Äther gestanden hatte, wurde er an der Luft getrocknet. Ausbeute an trockenem Material 24,46 g = 26,76% (erste Fraktion).

Der Zellstoffrückstand wurde mit 600 ccm 8%iger Natronlauge vier Stunden geschüttelt. Nach Filtration und Waschen des Faserstoffes mit der gleichen Menge Wasser wurden Filtrat und Waschwasser mit dem doppelten Volumen Methylalkohol versetzt. Der Ausfall wurde wie die erste Fraktion gereinigt. Ausbeute 3,335 g = 3,65% (zweite Fraktion).

Der nunmehr verbliebene Rückstand wurde noch einmal mit 500 ccm 8%iger Natronlauge vier Stunden geschüttelt und die Kohlenhydrate des Filtrats wurden durch Ansäuern mit 50%iger Essigsäure gefällt. Nach Filtration und Waschen mit Methylalkohol und Äther betrug die Ausbeute 1,808 g = 1,98%.

Untersuchung der einzelnen Alkalifraktionen und des Faserrückstandes aus Weizenzellstoff (altes Halmmaterial).

Erste Fraktion. Der *Xylangehalt* betrug (durch Destillation mit 12%iger Salzsäure und Fällung des Furfurols mit Phloroglucin bestimmt) nach *Kröber*: 0,4284 g geben 0,3990 g Phloroglucid = 0,3290 g Xylan = 76,8%.

Drehwert in Kupferoxydammoniak: $\alpha^{20}_{435,8} = -4,18°$ (0,0648 g Substanz, 0,1 g Kupferhydroxyd, 10 ccm 25%iges Ammoniak, 5 cm Rohr).

Hydrolyse: 1,7950 g trockene Substanz mit 50 ccm 5%iger Schwefelsäure sieben Stunden in siedendem Wasserbad erhitzt. 0,1582 g trocken gingen nicht in Lösung. Filtrat hiervon und Waschwasser mit Calciumcarbonat neutralisiert, filtriert, eingeengt (Wasserbad) und auf 50 ccm aufgefüllt.

10 ccm des Hydrolysats geben im Eudiometer, 48 Stunden der Gärung mit obergäriger Hefe unterworfen (28°), 1,45 ccm Gas (21°, 752 mm). Dieselbe Hefemenge bildete in gleicher Zeit durch Atmung 1,20 ccm Gas. Es ist also praktisch keine Gärung nachweisbar. Zymohexosen sind abwesend.

Xylosenachweis: 20 ccm des Hydrolysats mit 1 g Phenylhydrazin und einigen Tropfen Eisessig versetzt, 24 Stunden bei 10 bis 15° aufbewahrt. Nach zwölfstündigem Stehen hatte sich kein Hydrazon abgeschieden. Mannose abwesend. Die Flüssigkeit eine Stunde auf siedendem Wasserbad erhitzt. Osazonbrei nach Erkalten abgesaugt und mit Wasser gewaschen. In 12 ccm Aceton gelöst (Lösung vollständig und klar). Mit Wasser gefällt, abfiltriert, gewaschen. Schmelzpunkt 155°. Nach Umkristallisieren Schmelzpunkt 158°. Xylosazon.

Acetolyse: 9 ccm Essigsäureanhydrid, 9 ccm Eisessig und 1 ccm konzentrierte Schwefelsäure unter Kühlung zusammengegeben. 1,6994 g trockenes Material der Fraktion 1 damit übergossen. Zwei Wochen bei 35° aufbewahrt. Nach Eingießen in 150 ccm Wasser und 24stündigem Stehen keine Abscheidung von Cellobioseoktacetat.

Zweite Fraktion. *Xylanbestimmung*: 0,4062 g trockene Substanz geben 0,2774 g Furfurolphloroglucid = 0,2270 g Xylan = 55,88%.

Drehwert in Kupferoxydammoniak: $\alpha_{435,8}^{20} = -4,00°$ (0,0648 g Substanz, 0,1 g Kupferhydroxyd, 10 ccm 25%iges Ammoniak, 5 cm Rohr).

Faserrückstand. *Xylanbestimmung*: 0,4632 g trockenes Material geben 0,0950 g Furfurolphloroglucid = 0,0808 g Xylan = 5,52%.

Isolierung reinen Xylans aus dem Weizenzellstoff (altes Halmmaterial).

1,9146 g trockene Substanz wurden mit 2 g Kupferhydroxyd gemischt und mit 200 ccm 25%igem Ammoniak übergossen. Nachdem das Gemisch in gutschließender Stöpselflasche einige Stunden im Dunkeln gestanden hatte und die Lösung beendet war, wurde mit 50%iger Essigsäure unter Kühlung und Umschütteln schwach angesäuert, die ausgefallene Substanz nach sechs Stunden abzentrifugiert, mit Methylalkohol, dem 5% Essigsäure beigemischt waren, kupferfrei gewaschen, Essigsäure durch reinen Methylalkohol entfernt, dieser durch Äther verdrängt, im Vakuum getrocknet. Ausbeute 1,1224 g.

Die von der Essigsäurefällung abzentrifugierte Kupferlösung mit dem doppelten Volumen Methylalkohol versetzt und die hierbei ausflockende Substanz, wie oben beschrieben, von Kupfer, Essigsäure und Methylalkohol befreit. Ausbeute trocken 0,3456 g. Die gesamte Ausbeute aus dem Rohprodukt beträgt also 1,4680 g oder 76,7%.

Die Hydrolyse ergab nur Xylose, als Osazon bestimmt. Schmelzpunkt 158 bis 160°.

Der Drehwert in Kupferamin des mit Essigsäure gefällten Produkts ergab: $\alpha_{435,8}^{21} = -4,50°$ bis $-4,55°$ (0,0648 g Substanz, 0,1 g Kupferhydroxyd, 10 ccm 25%iges Ammoniak, 5 cm Rohr).

Die Bestimmung des Xylans durch Furfuroldestillation ergab: 0,2400 g Substanz (trocken und aschefrei) ergaben 0,2602 g Phloroglucid = 0,2132 g Xylan = 88,9 %[1]. Die Verbrennung ergab: 4,838 mg Substanz, 8,020 mg CO_2, 2,58 mg H_2O.

$C_5H_8O_4$. Ber.: C 45,45%, H 6,11%.
Gef.: C 45,21%, H 5,97%, Asche 0,37%.

Die Chlorzinkjodreaktion des Produkts ist dunkelviolettblau. Sie ist noch nach Tagen wahrnehmbar.

Das mit Alkohol gefällte Xylan hatte einen Drehwert von $\alpha_{435,8}^{21}$ = − 4,52 bis 4,56°. (Bedingungen wie oben.)

Die Chlorzinkjodreaktion ist dunkelviolettblau; größere Stücke reagieren allmählich durch.

Isolierung reiner Cellulose aus dem Faserrückstand des mit Alkali extrahierten Zellstoffes (altes Halmmaterial).

2,1 g lufttrockener Faserrückstand wurde mit 2 g Kupferhydroxyd in 200 ccm 25%igem Ammoniak gelöst, nach Lösung zentrifugiert und mit 50%iger Essigsäure unter Kühlung neutralisiert. Der Ausfall wurde abzentrifugiert, durch Kupfer von 5%iger Essigsäure, von dieser durch Wasser befreit, letzteres durch Alkohol und dieser durch Äther verdrängt. Ausbeute 1,7758 g trockene Substanz. $\alpha_{435,8}^{20}$ = − 3,25° bis − 3,30° (0,0648 g, 0,1 g Kupferhydroxyd, 10 ccm 25%iges Ammoniak, 5 cm Rohr). Vergleichscellulose hat den Drehwert − 3,27° (*Hess* und *Messmer*). Unser Produkt ist also rein und unterscheidet sich auch in allen übrigen Eigenschaften nicht von der Cellulose anderer Pflanzen.

B. Untersuchung des Zellstoffs grüner Weizenpflanzen.

Darstellung von Zellstoff aus grünem Winterweizen.

Das Material war, als es zur Verarbeitung gelangte, etwa drei Monate alt (am 16. September aufgelaufen, am 13. Dezember geerntet). Die Länge der oberirdischen Teile war etwa 10 cm. 1500 g hiervon (Trockengehalt 12,76%) wurden nach Veratmung der Stärke mit sechs Liter 0,2%igem Chlorwasser in gut schließender Stöpselflasche übergossen und im Dunkeln aufbewahrt. Nach Verbrauch des Chlors, der bei den ersten Behandlungen schneller vor sich geht als bei den späteren, wurde abgesaugt und mit Wasser ausgewaschen. Darauf in sechs Liter 2%iges Ammoniakwasser gebracht. Nach 15 Stunden abgesaugt, zweimal mit der gleichen Menge Wasser ausgewaschen. Nach Zusatz von drei Liter Wasser wurde der Rest des Ammoniaks mit verdünnter, etwa 2%iger Salzsäure neutralisiert und hierauf das Aufschlußgut mit drei Liter 0,4%igem Chlorwasser versetzt. Unter öfterem Umschütteln wurde 15 Stunden im Dunkeln aufbewahrt und weiter wie oben verfahren. Nach siebenmaliger abwechselnder Behandlung, die vollständig bei Zimmertemperatur vor sich ging, war der Aufschluß vollzogen. Das Ammoniakwasser wurde bei den letzten beiden Behandlungen nur 1%ig gewählt, die Substanz blieb mit dem Chlorwasser 48 Stunden in Berührung.

---

[1] Zur quantitativen Bestimmung von Xylan durch die Furfurolmethode vgl. *M. Lüdtke*, A. **466**, 50, 1928; ferner *E. Schmidt, Meinel, Nevros, Jandebeur*, Cellulosechemie **11**, 61, 1930.

Die Ausbeute betrug 41 g mit 10,8% Feuchtigkeit = 36,572 g trocken oder 10,11%.

Das Produkt reagiert, sofern man als letzte die Chlorbehandlung wählt, sauer (siehe I, Abschn. 6, 7 und 8).

Pentosanbestimmung: 1,2688 g trockene und entfettete Substanz geben 0,1494 g Furfurolphloroglucid = 0,1245 g Xylan oder 9,81%.

Fraktionierung des Zellstoffs aus jungem Weizen.

41 g Zellstoff mit 10,8% Feuchtigkeit wurden mit heißem Methylalkohol im Soxhletapparat ausgezogen. Der Alkohol läßt beim Erkalten ein farbloses Produkt fallen („Wachs und Fett"). Durch Zusatz von Wasser zur alkoholischen Lösung scheidet sich eine weitere Menge der Substanz ab. Insgesamt ließen sich so 1,9872 g oder 5,43% des trockenen Ausgangsmaterials extrahieren.

31,9 g des entfetteten Zellstoffs wurden mit 350 ccm 8%iger Natronlauge vier Stunden geschüttelt. Alsbald nach Zugabe des Alkalis färbt sich die Substanz gelb. Die Lauge wurde auf einem Glasfilter abgesaugt und der Rückstand mit der gleichen Menge Wasser ausgewaschen. Nach Versetzen von Filtrat und Waschwasser mit dem doppelten Volumen Methylalkohol fielen die gelösten Kohlenhydrate aus. Ausfall mit Methylalkohol alkalifrei gewaschen, abfiltriert und getrocknet. Ausbeute 8,412 g = 26,37% (erste Fraktion).

Durch abermaliges Ausschütteln des Zellstoffrückstandes mit 300 ccm 8%iger Natronlauge wurde eine zweite Fraktion gewonnen, die ebenso gereinigt wurde. 1,9898 g Ausbeute = 6,24%.

Eine dritte Fraktion wurde durch nochmalige Behandlung des Rückstandes in 8%iger Natronlauge wie zuvor erhalten. Das Filtrat wurde in diesem Falle mit 50%iger Essigsäure neutralisiert, die im Ausfall enthaltene Essigsäure mit Methylalkohol ausgewaschen und dieser durch Äther verdrängt. Die Ausbeute betrug nach Trocknung 0,62 g = 1,94%.

Die Menge der ausgezogenen Substanzen betrug insgesamt 34,55% des Ausgangsmaterials.

Der Zellstoff-Rückstand wurde mit Wasser ausgewaschen und an der Luft getrocknet. Menge trocken 13,731 g = 43,04% des Ausgangsmaterials.

Untersuchung der einzelnen Alkalifraktionen und des Faserrückstandes aus dem Zellstoff grünen Weizens.

Erste Fraktion. Xylangehalt nach *Kröber:* 0,3296 g ergaben 0,0882 g Furfurolphloroglucid = 22,85% Xylan.

Drehwert in Kupferammin: $\alpha_{435,8}^{20} = -2,73^0$ (0,0648 g Substanz, 0,1 g Kupferhydroxyd, 10 ccm 25%iges Ammoniak, 5 cm Rohr).

Hydrolyse: 1,3716 g trockene Substanz mit 5 ccm 75%iger Schwefelsäure 3½ Stunden unter Umrühren und Zerdrücken bei Zimmertemperatur digeriert. Mit 75 ccm Wasser verdünnt, drei Stunden in siedendem Wasserbad erhitzt, nach Abkühlen filtriert (Rückstand trocken 21,0 mg), Filtrat mit Calciumcarbonat neutralisiert filtriert, Rückstand ausgewaschen, Filtrate und Waschwasser auf dem Wasserbad eingeengt, zu 50 ccm aufgefüllt.

Glucosenachweis. 20 ccm des Hydrolysats mit 0,8 ccm Phenylhydrazin versetzt, 0,5 ccm Eisessig und Natriumacetat zugegeben. Nach zwölf Stunden bei etwa 10⁰ noch kein Ausfall (Mannose abwesend). Eine Stunde auf siedendem Wasserbad erhitzt, ausgefallenes Osazon abgesaugt, mit Wasser, Methylalkohol und Aceton gewaschen. Aus 70%igem Alkohol umkristallisiert. Schmelzpunkt 205°: Glucosazon.

Vergärung. 6,38 ccm, die mit 0,8 g obergäriger Hefe im Eudiometer bei 26 bis 27° vergoren wurden, ergaben nach 48 Stunden 30,18 ccm Kohlensäure (0°, 760 mm) abzüglich der beim Blindversuch sich ergebenden Kohlensäuremenge. Vergoren wurden 957,1 mm Glucose = 63,44% vom Ausgangsmaterial. Ein zweiter Versuch ergab 32,18 ccm Kohlensäure = 67,7% vom Ausgangsmaterial.

Hydrolysiert man sofort mit 5%iger Schwefelsäure, so ist die Hydrolyse nach siebenstündiger Dauer noch sehr unvollkommen. 1,3700 g Substanz trocken hinterließen 0,7056 g Rückstand. Es ist also notwendig, auch bei den Intercellosen das Verfahren von *Flechsig* anzuwenden.

Acetolyse: 1,1512 g trockene Substanz mit einem Gemisch von 9 ccm Essigsäureanhydrid, 9 ccm Eisessig und 1 ccm konzentrierter Schwefelsäure (in der Kälte bereitet) übergossen. Nach drei Wochen (26 bis 27°) filtriert, in 150 ccm Wasser eingegossen, 24 Stunden stehen lassen, abfiltriert und ausgewaschen. Nach Umkristallisieren in 90%igem heißem Äthylalkohol blieben 0,1966 g rein weiße Nadeln der Oktacetylcellobiose zurück. Schmelzpunkt 223°. Mischschmelzpunkt derselbe. $[\alpha]_D^{20}$ in Chloroform + 41,02°.

Zweite Fraktion: $\alpha_{435,8}^{20} = -2,95°$. Bedingungen wie vor.

Faserrückstand. 1,2241 g gaben 0,0390 g Furfurolphloroglucid = 0,0358 g Xylan = 2,95%.

Isolierung der Intercellosen; Versuche zur Abtrennung reiner Interxylane.

a) 8 g der ersten Alkalifraktion des Zellstoffs aus jungem Weizen blieben mit 400 ccm 25%igem Ammoniak über Nacht stehen. Nach Filtration wurde die gelbe Lösung mit dem doppelten Volumen an Methylalkohol versetzt, der ausfallende Körper mit Methylalkohol auf der Zentrifuge ausgewaschen und im Vakuum getrocknet. Da er noch schwachgelblich gefärbt war, wurde er in 2%iger Natronlauge gelöst und mit Essigsäure gefällt. Die Fällung tritt allmählich ein, schneller auf Zusatz von Alkohol. Nach Auswaschen des essigsauren Salzes mit Alkohol und Trocknen im Vakuum blieben 0,9 g als Ausbeute.

Verbrennung. 4,240 mg geben 6,910 mg CO_2 und 2,38 mg H_2O.

$C_6H_{10}O_5$ (162,05). Ber.: C 44,44%, H 6,22%;
Gef.: C 44,45%, H 6,28%.

Hydrolyse. 0,4 g in 1 ccm 75%iger Schwefelsäure gelöst, mit 19 ccm in Wasser verdünnt, 3½ Stunden in siedendem Wasserbad erhitzt, mit Calciumcarbonat neutralisiert, filtriert, eingeengt, zu 20 ccm aufgefüllt. 2 ccm gaben nach *Bertrand* 39,2 mg Glucose = 89,2%. In 10 ccm wurde durch Zusatz von Phenylhydrazin und Erhitzen das Osazon abgeschieden. Schmelzpunkt 205°. In 5 ccm Glucose durch Vergärung bestimmt. Nach 48 Stunden hatten sich nach Zusatz frischer obergäriger Hefe im Eudiometer 16,2 ccm Kohlensäure gebildet.

Xylanbestimmung. 0,3530 g geben 0,039 g Furfurolphloroglucid = 0,0358 g Xylan oder 10,12%.

Drehwert. $\alpha_{435,8}^{19} = -2,50°$ (0,0648 g Substanz, 0,1 g Kupferhydroxyd, 10 ccm 25%iges Ammoniak, 5 cm Rohr).

Chlorzinkjodreaktion. Rotblau, bald verschwindend.

Eine weitere Reinigung durch wiederholtes Umfällen gestattete leider die Substanzmenge nicht. Da bei hohem Glucangehalt Oxymethylfurfurol in beachtlicher Menge mit übergeht, dürfte der Xylanwert etwas zu hoch sein. Wie die Verbrennung zeigt, handelt es sich hier um ein schon recht reines Glucan.

b) Der Rückstand der Ammoniakextraktion wurde in 800 ccm 25%igem Ammoniak aufgenommen und unter Zusatz von 9,6 g Kupferhydroxyd aufgelöst. Die klare Lösung mit 400 ccm 8%iger carbonatfreier Natronlauge allmählich unter Umschütteln und Kühlung versetzt. Kein Ausfall. Mannan und Cellulose abwesend. Weitere 400 ccm 8%iger Natronlauge zugesetzt. Starke Flockung. Nach fünf Stunden abzentrifugiert, mit Methylalkohol, der etwa 5% Essigsäure enthielt, kupferfrei gewaschen, mit reinem Methylalkohol von der Essigsäure befreit. Danach in Äther. Im Vakuum getrocknet. Ausbeute 5 g. $\alpha^{20}_{435,8} = -3,25^0$. Bedingungen wie vorher.

Xylanbestimmung. 0,3162 g geben 0,0758 g Phloroglucid = 0,0652 g Xylan = 20,62%. Das Produkt gibt bei der Hydrolyse, Glucose und Xylose; es ist partiell vergärbar. Die Acetolyse ergibt Cellobioseoktacetat. Die Chlorzinkjodreaktion ist blauviolett. Größere Stücke reagieren allmählich durch.

c) Das Zentrifugat von b wird mit 1,6 Liter Methylalkohol versetzt. Der Ausfall wird durch Dekantieren und Zentrifugieren isoliert. Wie b gereinigt. Ausbeute 1,1 g. $\alpha^{20}_{435,8} = -3,10^0$.

Xylangehalt. 0,2170 g geben 0,0908 g Phloroglucid = 0,0774 g Xylan = 35,67%.

Im Hydrolysat sind Glucose und Xylose festgestellt. Die Chlorzinkjodreaktion ist violett. Sie verschwindet schneller als die des Präparats b.

Aus den Analysen ist ersichtlich, daß in diesem Präparat das Interxylan angereichert ist. Sein Drehwert muß tiefer liegen als der des Xylans B im Endzustand.

d) Das Produkt b mit einem Drehwert von 3,25° wurde in 120 ccm 4%ige Natronlauge gebracht und einige Stunden digeriert. Abzentrifugiert, Rückstand mit Methylalkohol ausgewaschen, an der Luft und im Vakuum über P_2O_5 100° getrocknet.

Xylanbestimmung. 0,3506 g geben 0,0070 g Furfurolphloroglucid = 2% Xylan. Da die Substanz braun aussieht, nicht grünschwarz, ist anzunehmen, daß es sich hauptsächlich um Oxymethylfurfurol-Phloroglucid handelt.

Drehwert: $\alpha^{21}_{435,8} = -3,00^0$ (0,0648 g Substanz, 0,1 g Kupferhydroxyd, 10 ccm 25%iges Ammoniak, 5-cm-Rohr).

Verbrennung. 4,854 mg Substanz geben 7,910 mg CO_2, 2,71 mg H_2O.

$C_6H_{10}O_5$ Ber.: C 44,44%, H 6,22%;
Gef.: C 44,45%, H 6,25%, Asche 0,21%.

Chlorzinkjodreaktion. Dunkelblau.

Aus diesen und den vorstehenden Daten ergibt sich, daß es sich hier um ein reines Glucan handelt.

e) Der bei Herstellung des Glucans d erhaltene Alkaliauszug wurde mit 50%iger Essigsäure unter Kühlung bis zur schwach sauren Reaktion versetzt. Ausfall abzentrifugiert, mit Methylalkohol ausgewaschen. An der Luft, dann über P_2O_5 im Vakuum bei 100° getrocknet.

Xylanbestimmung. 0,3062 g geben 0,1276 g Furfurolphloroglucid = 34,94 % Xylan.
Drehwert: $\alpha_{435,8}^{21} = -3,55^0$ (0,0648 g Substanz, 0,1 g Cu(OH)$_2$, 10 ccm 25%iges Ammoniak, 5 cm Rohr).
Chlorzinkjodreaktion. Rotbraun, allmählich violett werdend.

C. Bemerkungen zu den Tabellen V und VI.

Zur *Bestimmung der Rohfaser* wurde das *Weende*-Verfahren nach der Vorschrift des Verbandes landwirtschaftlicher Versuchsstationen benutzt[1].

3 g der lufttrockenen, gemahlenen und gesiebten Probe im Becherglas mit 50 ccm 5%iger Schwefelsäure und 150 ccm Wasser eine halbe Stunde über freier Flamme unter Ersatz des verdampfenden Wassers gekocht. Filtriert, Rückstand bis zum Verschwinden der sauren Reaktion mit heißem Wasser ausgewaschen. Rückstand im Becherglas mit 50 ccm 5%iger Kalilauge und 150 ccm Wasser eine halbe Stunde gekocht. Filtriert, mit heißem Wasser ausgewaschen und getrocknet.

Das auf diese Weise aus jungem Weizen von 20 ccm Halmlänge erhaltene Produkt wurde mit 5%iger Natronlauge extrahiert. Beim Versetzen des Auszugs mit Alkohol schied sich eine weiße lockere Substanz ab, die in normaler Natronlauge einen Drehwert von $-50,1^0$ zeigte. 0,2092 g gaben 0,1990 g Furfurolphloroglucid = 0,1641 g Xylan oder 78,44%. Mit Chlorzinkjod tritt keine Reaktion ein. $\alpha_{435,8}^{20} = -2,46^0$ (0,6648 g Substanz, 0,1 g Kupferhydroxyd, 10 ccm 25%iges Ammoniak, 5 cm Rohr).

Die leichte Löslichkeit in normaler Natronlauge, das Fehlen der Chlorzinkjodreaktion und der niedrige Drehwert in Kupferoxydammoniak (gegenüber $-4,50^0$ bis $4,80^0$ des Xylans im Endzustand) sind Kennzeichen der Interxylane. Der Rest des Produkts stellt Intercellosen dar. Der größte Teil dieser Produkte ist indessen in der Kalikochlauge zu finden. Auf Ansäuern mit Säuren fällt aus dieser eine reichliche Menge Niederschlag. Er wurde bisher nicht weiter untersucht, da die Substanzen durch die Behandlung in ihren Eigenschaften verändert sein können und uns zunächst daran lag, Klarheit über die unveränderten Produkte zu erhalten.

Da man im allgemeinen annimmt, daß der durch den Tierkörper verdaubare Anteil der Rohfaser Cellulose ist[2], erhebt sich die Frage, ob diese Ansicht richtig ist und welche Bedeutung den Intersaccharanen für die Verdaubarkeit zukommt.

Das *Kutin* und das *Lignin* wurden zunächst zusammen durch 72- bis 75%ige Schwefelsäure bestimmt, dann das Lignin durch 0,4%iges Chlorwasser oxydiert und durch 2%iges Ammoniak entfernt. Der Rest war Kutin.

Das *Xylan* wurde durch Destillation mit 12%iger Salzsäure und Fällung des Furfurols mit Phloroglucin bestimmt. Verfasser wies schon früher darauf hin[3], daß die *Kröber*schen Tabellen zur Ermittlung des Xylans aus den Xylosewerten umgerechnet sind. Da aber bei der Hydrolyse ein Teil des Xylans in andere Produkte als Xylose verwandelt wird, ist eine solche Umrechnung nicht statthaft.

---

[1] Siehe z. B. *M. Lüdtke*, Die Substanzen der pflanzlichen Zellmembran in *E. Mangold*, Handb. d. Ernährung u. des Stoffwechsels der landwirtsch. Nutztiere, 1. Bd., S. 58, Berlin 1929.

[2] Siehe z. B. *F. Honcamp, F. Ries, H. Müllner*, Landw. Versuchsstat. 84, 301, 1914.

[3] A. **466**, 50, 1928.

Die vorstehende Arbeit wurde im Institut für Pflanzenkrankheiten der Landwirtschaftlichen Hochschule Bonn-Poppelsdorf ausgeführt. Sie hatte neben der Klärung chemischer, morphologischer und physiologischer Fragen insbesondere den Zweck, Grundlagen für weitere Studien über die Vorgänge beim Angriff pflanzlicher und tierischer Parasiten auf das pflanzliche Gewebe zu schaffen.

Es ist bekannt, daß Empfänglichkeit und Widerstandsfähigkeit einer Pflanze gegenüber parasitärem Angriff nicht auf einem einheitlichen Prinzip beruhen, sondern auf den verschiedensten Ursachen. Sie können genotypischer Art und plasmabedingt sein oder von der Beschaffenheit der Zellwand abhängen. Die Resistenz des Organismus ist also durch physiologische, morphologische, chemische und physikalische Faktoren in weitestem Sinne bedingt, wobei die verschiedensten Kombinationen mit zeitlichen und örtlichen Momenten zusammentreten können.

Welche Rolle bei all diesen Fragen die Zellwand spielen muß, geht aus vorstehenden Untersuchungen klar hervor; denn es wird gezeigt, daß mit der Entwicklung des Organismus ein stufenweiser Aufbau der Membransubstanz parallel geht. Und es wird weiter dargetan, wie verschiedene Ernährung auf die Produktion der Zellwandkohlenhydrate nach Menge und Qualität wirkt. Weitere Untersuchungen sollen zeigen, ob und wann gewisse Parasiten Enzyme erzeugen können, welche die Intermediärprodukte in den verschiedensten Entwicklungsstufen abzubauen imstande sind, denn hiervon wird ein guter Teil der Widerstandsfähigkeit einer Zelle abhängen.

Zum Schluß danke ich dem Direktor des Instituts, Herrn Professor Dr. *E. Schaffnit*, verbindlichst für die Förderung, die meiner Arbeit zuteil wurde.

MIX
Papier aus verantwortungsvollen Quellen
Paper from responsible sources
FSC® C105338

If you have any concerns about our products,
you can contact us on
ProductSafety@springernature.com

In case Publisher is established outside the EU,
the EU authorized representative is:
**Springer Nature Customer Service Center GmbH
Europaplatz 3, 69115 Heidelberg, Germany**

Printed by Libri Plureos GmbH
in Hamburg, Germany